核能与核技术经典教材系列

核技术的军事应用
——核武器（第2版）

胡思得　刘成安 编著

内容提要

本书主要内容包括必要的核物理与核材料的基础知识，原子弹、氢弹、特殊性能核武器、核武器小型化等的基本原理，核武器的研究设计和核爆诊断方法，核武器系统的构成、核爆炸效应、战术技术性能等，以及核态势、核战略、核军备控制，核查技术、防止核扩散等方面的内容。本书可作为军事及核专业相关院校教材，也可供与核武器事业有关的领导、管理人员、专业人员、部队指战员，以及其他领域关注核武器事业的人士参考或作为培训教材。

图书在版编目(CIP)数据

核技术的军事应用：核武器 / 胡思得，刘成安编著. 2 版. -- 上海：上海交通大学出版社，2025.1 -- ISBN 978-7-313-31406-2

Ⅰ. TJ91

中国国家版本馆 CIP 数据核字第 20242SE770 号

核技术的军事应用——核武器(第 2 版)

HEJISHU DE JUNSHI YINGYONG —— HEWUQI(DI 2 BAN)

编　　著：胡思得　刘成安

出版发行：上海交通大学出版社　　地　　址：上海市番禺路 951 号

邮政编码：200030　　电　　话：021 - 64071208

印　　制：上海盛通时代印刷有限公司　　经　　销：全国新华书店

开　　本：710 mm×1000 mm　1/16　　印　　张：13.25

字　　数：224 千字

版　　次：2016 年 3 月第 1 版　2025 年 1 月第 2 版　　印　　次：2025 年 1 月第 6 次印刷

书　　号：ISBN 978 - 7 - 313 - 31406 - 2

定　　价：59.00 元

前　言

20 世纪核物理学的一系列重大发现开辟了人类利用核能的新纪元，具有划时代的重大意义。与历史上许多重大科学技术新发现一样，核科学上的新发现也首先用于军事目的。1945 年，美国研制成功 3 颗原子弹，1 颗用于试验，2 颗投在了日本。第二次世界大战后美、苏展开了大规模的核军备竞赛，各自拥有了数万颗核弹。

核武器是一种特殊的武器，由于它惊人的杀伤力，对环境和生态破坏的严重性、久远性以及难以防御等特点，使世界人民笼罩于核恐怖的阴影中。

在全世界爱好和平人民的推动下，以核裁军、禁核试、防核扩散为主要方向的核军备控制成为国际外交的重要组成部分。核武器不但影响着科学、技术的发展，更引起了军事领域的一场革命，对军事、政治、外交产生了深刻而巨大的影响。

经过数十年削减核武器的历程，世界上的核武器从最高 7 万多枚降到 1 万～2 万枚，但距离彻底销毁核武器还有很长的路要走。核大国不可能放弃其核优势，核武器仍会在相当长的时期里继续存在。

在没有核试验的条件下，如何保持核武器的安全、可靠和有效，是有核国家面临的更为繁重的任务。从过去依靠以核试验为基础的核武器研究转向依靠计算机数值模拟、次临界实验、实验室大型设施上的实验，研究手段变得更为复杂，须将过去在武器设计中某些经验性的成分上升到科学的、规律性的认识，以此来保持核武库持久的可靠性、安全性、有效性和保安性。此外，防止核扩散、反对核恐怖主义也是国际上面临的重要问题。如何保证核安全，不让核武器、核部件、核材料落入恐怖分子和不负责任的组织手中,已成为国际社会尤其是各国政府首脑特别关注的议题。为此,与核事业有关的领导、管理人员、指战员、社会科学工作者、外交官员、核专业的师生需要有一些核武器和核军备控制的知识,这有助他们开展相关工作。

参与本书编写者还有郑绍唐、田东风、伍钧、孙向丽、田景梅、赵武文、胡鸣怡、冯晓辉、康春梅等同志。他们对核武器科学技术领域的多学科内容有较为深入的理解和认知,对国际核态势、核军控做了较长期的深入研究。

本书系统地介绍了与核武器相关的科技知识,包括基本原理,系统构成,研究、设计和诊断方法,核武器的分类及战术技术性能,核爆炸效应等;还介绍了与核武器有关的核政策、核战略、核态势、核军控、核安全等相关内容,凸显了横跨自然科学与社会科学的特点。本书内容全面、深入,资料性强,便于从事核武器事业的有关专业人员、外交人员、领导、管理人员、指战员、高校师生从中查到有关信息,增长知识,开阔眼界。

中国工程物理研究院战略研究中心对本书的内容专门组织了讨论,除编写者外,黄维国、郝繁华、向永春、韦孟伏、史建斌、朱剑钰、谢文雄、崔茂东、郑妍、苏佳杭、徐雪峰等同志分别审阅了有关章节,提出了很多宝贵的意见,出了很多力,在此向他们表示衷心的感谢。

目　录

第 1 章　核物理基础知识

任何武器都是科学技术发展的结果，核武器亦不例外。核武器研制基于近代物理学对物质基本结构的探索成果和核物理学对原子核一系列性质的研究成果。本章探讨涉及核武器研制的核物理学基础知识，为后续章节讨论核武器的原理、性能、作用以及核军备控制、防止核扩散、核查技术等问题奠定基础。

1.1　原子和原子核

物质由原子或分子组成。对化合物而言，分子是保持物质化学性质的最小单元。分子由原子组成，原子是物质进行化学反应的基本单元，化学反应是原子间的化合。本节概要介绍构成物质的基本粒子及其性质。

1.1.1　原子、电子、原子核与核素

原子[1]由原子核和绕原子核运动的电子构成。原子的质量很小，而 1 mol 任何物质包含相同的原子数（即阿伏伽德罗常数）。通常采用碳原子 $^{12}_{6}C$ 质量的 1/12 作为原子质量单位 u，已知 $^{12}_{6}C$ 的摩尔质量为 12 g/mol，于是有

$$1\ \mathrm{u}=\frac{12}{N_A}\ (\mathrm{g/mol})\times\frac{1}{12}=1.660\ 565\ 5\times10^{-24}\ \mathrm{g}$$

式中，N_A 为阿伏伽德罗常数，$N_A = 6.022\ 045\times10^{23}/\mathrm{mol}$。原子的实际质量都近似等于 u 的倍数，该倍数也叫原子质量数 A。表 1－1 列出了几种原子的质量。表中，A_r 是以 u 为单位的原子质量数，取整后就是原子质量数 A。

表1-1 几种原子的质量

原子名称	质量 $m/10^{-27}$ kg	A_r	A
氢原子	1.673 56	1.007 825	1
碳原子	19.926 79	12.000 00	12
氧原子	26.560 61	15.994 92	16
铁原子	92.883 57	55.934 90	56
铀原子	395.298 95	238.050 8	238

电子也具有质量，且带有单位负电荷 e。电荷是量子化的，任何电荷只能是 e 的整数倍。电子电荷的数值 $e=1.602\times10^{-19}$ C。电子的质量为 $m_e=9.109\,534\times10^{-28}$ g，是质子质量的 1/183 6，可见电子的质量是很小的。电子在原子中只能占据某些容许的轨道而绕原子核运动。电子的运行轨道(能级)是不连续的。一个能级所能容纳的电子数是一定的，一个能级填满后，其余的电子就要占据能量较高的外层轨道。电子在各能级上的排列方式称为电子组态。一个电子组态对应一个原子系统的能量。在一定的条件下原子可从一个能量状态过渡到另一个能量状态，称为跃迁。伴随原子跃迁过程的是辐射的发射或吸收。原子电子壳层的大小决定了原子的大小，但电子具有波动性，通常把分子或晶体中两个相邻原子中心距离的一半作为原子的半径，大多数原子的半径都在 $(1\sim2)\times10^{-8}$ cm 的范围内。

原子核本身由带正电荷的质子和不带电的中子组成，质子和中子统称为核子，靠它们之间强大的核力稳定地聚合在一起。原子核中质子数和中子数之和为 A，称为原子核的质量数。质子质量和中子质量分别为

$$m_p=1.007\,276\ \mathrm{u}$$
$$m_n=1.008\,665\ \mathrm{u}$$

单个质子所带电荷与核外单个电子所带电荷值相等而符号相反，原子是电中性的，因而原子核中的质子数必等于核外电子数。原子核所带电荷量应为 $e=1.602\times10^{-19}$ C 的整数倍。原子中的质子数决定了原子的属性。

原子核在一般情况下接近球形，其平均半径与组成原子核的核子数有关，核半径可近似地表示为

$$R\sim r_0A^{1/3} \tag{1-1}$$

式中，$r_0 \approx (1.1 \sim 1.5) \times 10^{-13}$ cm $= (1.1 \sim 1.5)$ fm(费米)。原子核的半径只有几个费米，与原子半径相差 5 个数量级，但其质量却占整个原子质量的 99.9%以上。原子核的数密度为

$$n = A/V = A/(4\pi R^3/3) = A/(4\pi r_0^3 A/3) \sim 10^{38}\ \mathrm{cm^{-3}} \tag{1-2}$$

取核子质量 $m_N = 1.66 \times 10^{-24}$ g，则原子核的质量密度为

$$\rho = n m_N \sim 1.66 \times 10^{14}\ \mathrm{g/cm^3} \tag{1-3}$$

即每立方厘米核物质有数亿吨量级。

在稳定的轻核中，中子数和质子数相同。而在重核中，中子数超过质子数，因为在重核中，含质子数增多，使核趋向飞散的库仑排斥力增大，须有超额的中子起稳定作用，抵消质子间的静电斥力。

具有特定质子数 Z 和中子数 N 的原子核称为核素。天然核素有 300 多种，其中有放射性核素 30 多种，还有许多用中子等去轰击稳定元素而产生的人工放射性核素，人工制造的放射性核素有 1 600 多种。

具有相同的质子数和不同中子数的核素称为同位素；具有相同的中子数和不同质子数的核素，称为同中子异位素；质子数和中子数都相同，但能量状态不同的核素，称为同核异能素。

1.1.2　原子核的放射性

中子数或质子数过多或过少的核素都是不稳定的，它会自发地衰变成为另一种核素，同时放出各种射线。放射性衰变共有三种。

1) α 衰变

α 衰变是指放出 α 粒子的衰变，通式为

$$^{A}_{Z}\mathrm{X} \rightarrow {}^{A-4}_{Z-2}\mathrm{Y} + {}^{4}_{2}\mathrm{He}$$

α 射线由高速运动的氦原子核(^{4}He，又称为 α 粒子)组成，它在磁场中的偏转方向与正离子流的偏转方向相同，电离作用大，穿透本领小。

2) β 衰变

β 衰变分 β^- 衰变、β^+ 衰变、轨道电子俘获三种。

β^- 衰变：放出电子(e^-)、反中微子($\bar{\nu}_e$)，通式为

$$^{A}_{Z}\mathrm{X} \rightarrow {}_{Z+1}^{A}\mathrm{Y} + e^- + \bar{\nu}_e$$

β射线是高速运动的电子流,电离作用小,穿透本领较大。例如核武器中的氚就是β^-放射性的,${}_1^3\mathrm{H} \xrightarrow[12.3\mathrm{a}]{} {}_2^3\mathrm{He}+\mathrm{e}^-+\bar{\nu}_\mathrm{e}$,半衰期为12.3年。中子也可通过$\beta^-$衰变为质子,${}_0^1\mathrm{n} \xrightarrow[10.6\ \mathrm{min}]{} {}_1^1\mathrm{p}+\mathrm{e}^-+\bar{\nu}_\mathrm{e}$。

β^+**衰变:** 放出正电子和中微子,通式为

$$ {}_Z^A\mathrm{X} \rightarrow {}_{Z-1}^{\ A}\mathrm{Y}+\mathrm{e}^+ + \nu_\mathrm{e} $$

轨道电子俘获: 原子核俘获一个核外电子,通式为

$$ {}_Z^A\mathrm{X}+\mathrm{e}_i^- \rightarrow {}_{Z-1}^{\ A}\mathrm{Y}+\nu_\mathrm{e} $$

e_i^- 下标i表示i壳层电子。

3) γ衰变

γ衰变是指原子核通过发射γ光子从激发态跃迁到低能态的过程。跃迁中原子核质量数和电荷数都不变,只是能态发生变化。γ射线是波长很短的电磁波,电离作用小,穿透本领大。

现已知道有许多天然的和人工生产的核素都能自发地发射各种射线。除此之外,还有自发裂变、缓发质子、缓发中子的衰变形式。

在原子核衰变中,放射性的原子核数目会随时间按指数规律减少,即

$$ N=N_0\mathrm{e}^{-\lambda t} \tag{1-4} $$

式中,λ是衰变常数,即单位时间内原子核衰变的概率,单位是秒$^{-1}$(s^{-1})。原子核数衰变到原来的一半所需要的时间称为半衰期,记为$T_{1/2}$。λ和$T_{1/2}$不是独立的,从式(1-4)容易推得:

$$ T_{1/2}=\frac{0.693}{\lambda} \tag{1-5} $$

1.2 射线与物质的相互作用

伴随原子或原子核能量状态变化而发射的各种光子、离子或次原子束,总称为射线。射线与物质的相互作用与射线的类型及能量有关。这里介绍带电粒子、X射线和γ射线(光子)与物质的相互作用。中子与物质的相互作用另做论述。

1.2.1 重带电粒子与物质的相互作用

带电粒子轰击物质时,带电粒子与靶原子的核外电子可发生库仑相互作

用，进而产生弹性或非弹性碰撞。非弹性碰撞会使核外电子组态发生改变，被激发到更高能态，而受激发的原子要退激到基态，就会发射 X 射线。非弹性碰撞有时还会使靶原子电离，部分核外电子将成为自由电子。如果是内层电子被电离，其留下的空穴随即将被外层电子填充，并同时发射 X 射线或俄歇电子。

当带电粒子在原子核附近经过时，由于库仑作用得到加速，进而发生电磁辐射，这就是轫致辐射。而质子等重带电粒子，由于质量较大，不易获得加速，其轫致辐射能量损失一般可忽略。

质子、α 粒子等重带电粒子在介质中的路径近似为一直线，因此其路程长度等于它穿过物质的厚度。能量相同的同种粒子在相同介质中走过的路径长度基本相同，常用其射程 R 加以描述：

$$R=\int_{E_0}^{0}\mathrm{d}E/(-\mathrm{d}E/\mathrm{d}x) \tag{1-6}$$

如果带电粒子的动能足够高，可克服靶原子核的库仑势垒，进而靠近核力的作用范围（10^{-12} cm～10 fm），可能与靶核发生相互作用，但由于其作用截面（10^{-26} cm^2）比库仑相互作用截面（约 10^{-16} cm^2）小很多，一般可以忽略。

1.2.2　电子与物质的相互作用

β 射线（电子束）在物质中也会使靶原子的束缚电子激发和电离，并因此损失能量。电子质量很小，容易获得加速，辐射是能量损失的主要方式；且电子容易与介质中的原子发生多次碰撞散射，因此其在物质中的路径十分曲折，没有确定的射程。β 粒子在介质中的吸收可用指数函数描述为

$$I=I_0\exp(-\mu_{\mathrm{m}}d_{\mathrm{m}}) \tag{1-7}$$

式中，I 是粒子束的流强，I_0 是初始粒子流强度，d_{m} 是吸收厚度（$\mathrm{g/cm^2}$），下标 m 是指以质量定义的厚度，即粒子流穿过的厚度乘以物质密度；μ_{m} 是质量吸收系数（$\mathrm{cm^2/g}$），与 β 粒子的最大能量 E_{m}（MeV）有如下经验关系：

$$\mu_{\mathrm{m}}\approx\frac{17}{E_{\mathrm{m}}^{1.14}};\ 0.1\ \mathrm{MeV}<E_{\mathrm{m}}<4\ \mathrm{MeV} \tag{1-8}$$

1.2.3　γ 射线、X 射线与物质的相互作用

γ 射线、正负电子的湮没辐射、轫致辐射构成了重要的核辐射类别，它们

都是电磁辐射。电磁辐射与物质的相互作用只与光子的能量有关。γ射线通过与介质中的原子核和核外电子的单次作用就可损失大部分能量或完全被吸收,其主要作用方式有三种,即光电效应、康普顿散射和正负电子对产生。

光电效应: 介质原子与γ光子发生相互作用,吸收一个光子,将其全部能量传递给一个束缚电子,该电子摆脱束缚被发射出来,称为光电子,且具有确定的能量,即

$$E_e = h\nu - B_i, \ (i = \mathrm{K, L, M}, \cdots) \qquad (i \text{ 指能级})$$

B_i 为与γ光子作用的束缚电子在原子中的结合能,其大小与束缚电子所处核外轨道(或原子壳层)有关。当γ光子的能量大于介质原子最内层(K层)电子的结合能时,则不同壳层的束缚电子都有变为光电子的概率,只是反应截面不同。

康普顿散射: 当γ光子能量远高于束缚电子的结合能时,就可将束缚电子近似为自由电子,根据动量守恒和能量守恒定律,可得出γ光子与电子发生弹性碰撞后,散射光子能量 E'_γ 和出射的康普顿电子动能 E_e 随散射角 θ 的变化关系。

当 $\theta = 0°$ 时, $E'_\gamma = E_\gamma, \quad E_e = 0$

当 $\theta = 180°$ 时,

$$E'_{\gamma\min} = E_\gamma \Big/ \left(1 + \frac{2E_\gamma}{m_0 c^2}\right), \quad E_{e\max} = E_\gamma \Big/ \left(1 + \frac{m_0 c^2}{2E_\gamma}\right) \qquad (1-9)$$

式中, E_γ 为入射光子能量, $E_{\gamma\min}$ 为散射光子最小能量, $E_{e\max}$ 为反冲电子的最大能量。对单能光子,康普顿散射γ光子的出射角 θ 为 0°～180°。

正负电子对产生: 当γ光子的能量达到静止电子能量的2倍以上时,在原子核的库仑场作用下,就可能转换为一对正负电子,根据能量守恒定律有

$$h\nu = 2m_0 c^2 + E_e^+ + E_e^-$$

这就是电子对效应。m_0 为电子质量, c 为光速, E_e^+ 和 E_e^- 为正负电子所带的动能。能量一定的光子,产生的正负电子的动能之和是一定的,因此测定电子对的总能量,就可知道γ光子的能量。

实验发现,准直后进入介质γ射线的相对强度服从指数衰减规律:

$$I/I_0 = \exp(-\mu d) \tag{1-10}$$

式中，I/I_0 是穿过厚度为 d 的吸收介质后 γ 射线的相对强度，μ 是 γ 射线穿过吸收介质的总衰减系数(cm^{-1})，可分解为光电效应、康普顿散射和正负电子对三部分的贡献，即 $\mu = \tau + \sigma + k$。

1.3　核力、质量亏损与结合能

在原子核中，带正电荷的质子可克服彼此间巨大的库仑斥力而紧密结合在一起，依靠的是一种名为强相互作用力的核力，它比电磁力的作用强度大 2 个数量级以上。核力是一种短程力，仅当核子间的距离约 10^{-15} m 或更近时才起作用。

原子核由质子和中子组成，但组成原子核的质子和中子的质量之和并不等于原子核的质量，两者质量之差称为该核的质量亏损。按照爱因斯坦质能关系式，具有一定质量 m 的物质，所具有的能量 E 可表示为

$$E = mc^2 \tag{1-11}$$

式中，E 为物体的总能量，c 为光在真空中的传播速度。对式(1-10)两边取差分，可得

$$\Delta E = \Delta m c^2 \tag{1-12}$$

则静止的 1 g 物质的能量为

$$E = 0.001\ \text{kg} \times (2.997\,9 \times 10^8\ \text{m} \cdot \text{s}^{-1})^2 = 8.987\,4 \times 10^{13}\ \text{J}$$

当核子结合成原子核时质量会减少 Δm，同时伴随释放能量 $\Delta E = \Delta m c^2$，因此，原子核与组成它的核子相比，其能量减少 $\Delta E = \Delta m c^2$，这个能量称为原子核的结合能。

由 A 个自由核子组成的原子核，其中有 Z 个质子、$A-Z$ 个中子，它所释放的能量以 $B(Z, A)$表示：

$$B(Z, A) \equiv \Delta M(Z, A)c^2 \tag{1-13}$$

$$B(Z, A) = [Zm_p + (A-Z)m_n - M]c^2 \tag{1-14}$$

式中，Z 为质子数即原子序数，m_p 为质子质量，$A-Z$ 为中子数，A 即为原子的质量数，m_n 为中子质量，M 为核质量，c 为光速。

原子核中每个核子的平均结合能用 ε 表示，有

$$\varepsilon \equiv B(Z,\ A)/A \tag{1-15}$$

其意义是，如果把原子核拆成自由核子，ε 即平均对每个核子所需做的功。

平均结合能又叫比结合能，图 1-1 所示为核子的比结合能曲线。由比结合能曲线可见天然元素的比结合能有如下特点[2]：① 质量数在 30 以下的轻核的比结合能随 A 的增加而增加。但当原子核的中子数与质子数都为偶数时，比结合能有极大值，例如两个氘核结合为 $^{4}_{2}\mathrm{He}$ 会放出大量能量。② 中等质量数的核(A=40～120)的比结合能近似相等，核一般比较稳定。在 A=60 附近，比结合能最大，A 再增大则比结合能又下降。重核结合得比较松，重核裂变时比结合能由小变大，这是可从重核裂变获得能量的原因。

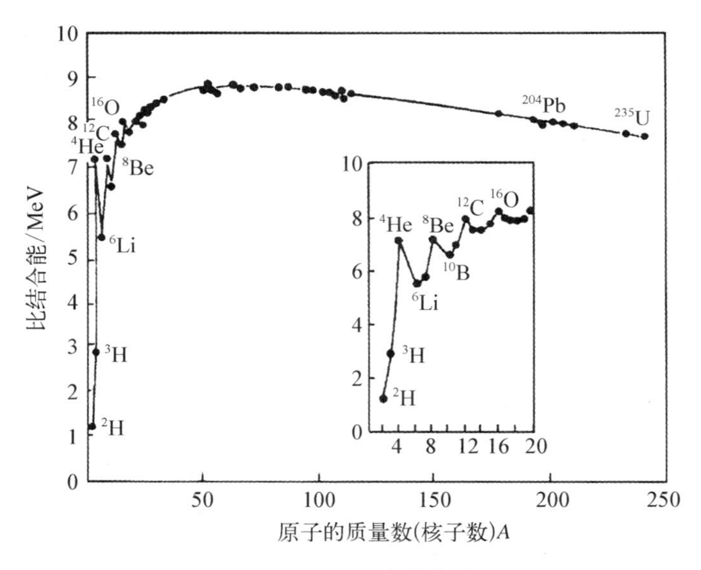

图 1-1　比结合能曲线

1.4　核反应

原子核与原子核，或原子核与粒子(例如中子、质子、电子和 γ 光子等)相互作用，进而导致原子核变化的现象叫核反应[1-3]，是生成各种不稳定原子核的根本途径。核反应发生的条件是原子核与其他粒子要充分接近，达到核力的作用范围(10^{-13} cm 量级)。

对入射粒子引起的核反应，遵守的主要守恒定律是电荷守恒、质量守恒、能量守恒、动量守恒、角动量守恒和宇称守恒。对一定的入射粒子和靶核，能发生的核反应过程往往不止一种，每一种核反应称为一个反应道。可以表示为

$$\mathrm{A(a,\ b)B} \tag{1-16}$$

式中，A 表示靶核，B 表示生成核，a 为入射粒子，b 为出射粒子。当入射粒子的能量比较高时，出射粒子的数目可能有两个以上，核反应可表示为

$$\mathrm{A(a,\ b_1,\ b_2,\ b_3,\ \cdots)B} \tag{1-17}$$

式中，A 表示靶核，B 表示生成核，a 表示入射粒子，b_1、b_2、b_3表示出射粒子。

下面分别从核反应截面、中子与物质的相互作用，以及核裂变与核聚变反应几个方面简要介绍核反应种类及相关特性。

1.4.1　核反应截面

对一个核密度为 $n(1/\mathrm{cm}^3)$，厚度为 x 的薄靶，单位面积(cm^2)内的靶核数为 $N_\mathrm{S}=nx(\mathrm{cm}^{-2})$；如果单位时间($\mathrm{s}^{-1}$)入射的粒子数为 I，那么单位时间入射的粒子与靶核发生核反应的数 N'可表示为

$$N'=\sigma I N_\mathrm{S} \tag{1-18}$$

比例系数 σ 称为核反应截面，其量纲为面积(cm^2)。核反应截面表示一个入射粒子同单位面积靶上的一个靶核发生反应的概率，即

$$\sigma=\frac{N'}{IN_\mathrm{S}}=\frac{\text{单位时间内发生的核反应数}}{\text{单位时间内的入射粒子数}\times\text{单位面积内的靶核数}} \tag{1-19}$$

反应截面的大小与入射粒子的能量有关，截面常用的单位为 b，$1\ \mathrm{b}=10^{-24}\ \mathrm{cm}^2$，称为“靶恩(或靶)”。对一定的入射粒子和靶核，往往存在若干反应道。例如弹性散射(n, n)、非弹性散射(n, n′)、吸收中子放出 γ 光子(n, γ)、吸收中子放出质子(n, p)等，反应道分截面以 σ_i 表示，总截面以 σ_t 表示，于是有

$$\sigma_\mathrm{t}=\sum_i \sigma_i \tag{1-20}$$

宏观截面表示为

$$\Sigma=N\sigma \tag{1-21}$$

式中,N 为单位体积中的核子数(单位:cm^{-3})。

1.4.2 中子与物质的相互作用及慢化

中子不带电,不会直接引起原子的电离或激发,不受原子库仑场的作用,即使很低能量的中子也可进入原子核,同原子核发生弹性散射、非弹性散射并产生反冲核;中子也可被原子核俘获而形成复合核,再衰变而产生其他次级粒子。中子通过碰撞把能量传给介质,因损失动能而减速,快中子变成能量低的慢中子。在核工程的设计中,常常需要改变中子的能量以满足工程设计的需要,为此常用散射截面大、吸收截面小的轻元素,如氢、氘、铍、石墨等作为慢化剂。弹性散射前后中子动能之比为

$$\frac{E_2}{E_1}=\frac{1}{(m+m_n)^2}(m_n^2+m^2+2m_n m\cos\theta_c)=\frac{1}{2}[(1+\alpha)+(1-\alpha)\cos\theta_c] \tag{1-22}$$

式中,E_1 和 E_2 分别为反应前后的中子能量,m 为靶核质量,m_n 为中子质量,θ_c 是在质心坐标系中中子的散射角,α 为表征靶核对中子的慢化能力的参数,可表示为

$$\alpha\equiv\left(\frac{m-m_n}{m+m_n}\right)^2\approx\left(\frac{A-1}{A+1}\right)^2 \tag{1-23}$$

式中,A 是靶核的质量。在一般情况下,$\alpha E_1<E_2<E_1$。对中子与氢的弹性散射,$\alpha=0$,中子可损失全部动能,最终导致中子被慢化、吸收,并产生一些次级粒子。

1.4.3 核裂变反应

1) 核裂变[4]

每个重原子核分裂成两个或更多个质量较小的原子核的现象称为核裂变。在核裂变过程中,释放出巨大的能量,同时发射出 2~3 个中子,这些中子将可能使裂变持续进行下去,形成链式反应。

中子引起原子核裂变的概率可用裂变截面 σ_f 来描述。σ_f 随入射中子能量的变化而变化,易裂变核如 ^{235}U、^{239}Pu 等的热中子裂变截面很大,如图 1-2、图 1-3 所示。

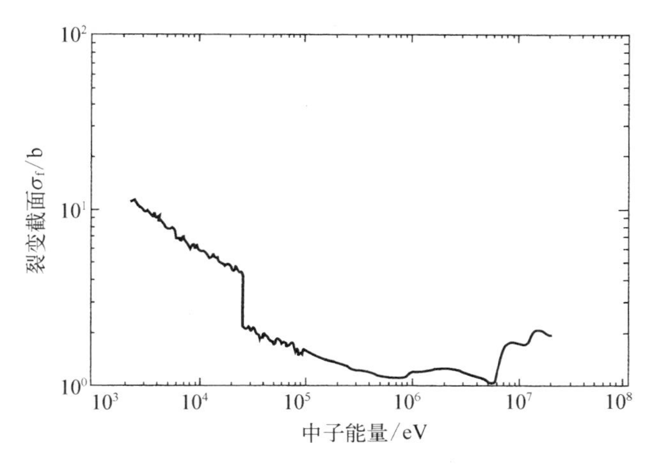

图 1－2　^{235}U 核的裂变截面

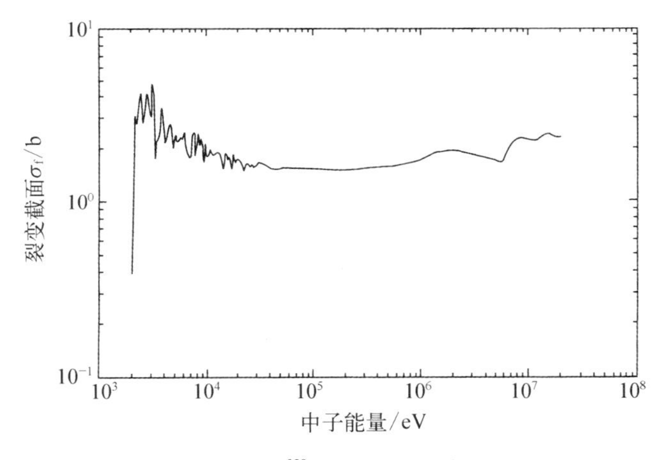

图 1－3　^{239}Pu 核的裂变截面

2）自发裂变

原子核在没有受到外界激发的情况下发生裂变的现象称为自发裂变，它是不稳定重核的一种特殊类型的衰变过程。

3）诱发裂变

能量很低的中子可以进入原子核，引起裂变反应，是最有使用意义的反应过程。^{235}U、^{233}U、^{239}Pu 只需很低能量的中子就可实现诱发裂变。

4）阈能核裂变

当入射中子的能量 E_n 大于某一阈值时才能产生裂变，称为阈能核裂变。例如^{238}U，$E_n \geqslant 1.4$ MeV 才可产生裂变。我们将具有阈能核裂变特性的核称为不易裂变核。

5）裂变中子[5]

伴随裂变产生的中子称为瞬发中子，瞬发中子一般产生于裂变后的 10^{-14} s 以内。在裂变反应中会产生大量的具有中等质量数的裂变碎片——缓发先驱核，这些裂变碎片在衰变过程中会伴随中子释放，这些中子称为缓发中子，其发射时间约在裂变后 1 秒到数十秒的范围。瞬发中子占裂变中子的 99%以上，缓发中子只占裂变中子总数的不到 1%。缓发中子对核武器设计不重要，而对反应堆的控制却起重要的作用。每次裂变所产生的裂变中子数(称中子产额)与入射的中子能量有关，一般为 2～3 个。裂变中子的能量主要集中在 0.1～5 MeV，如图 1-4 所示。

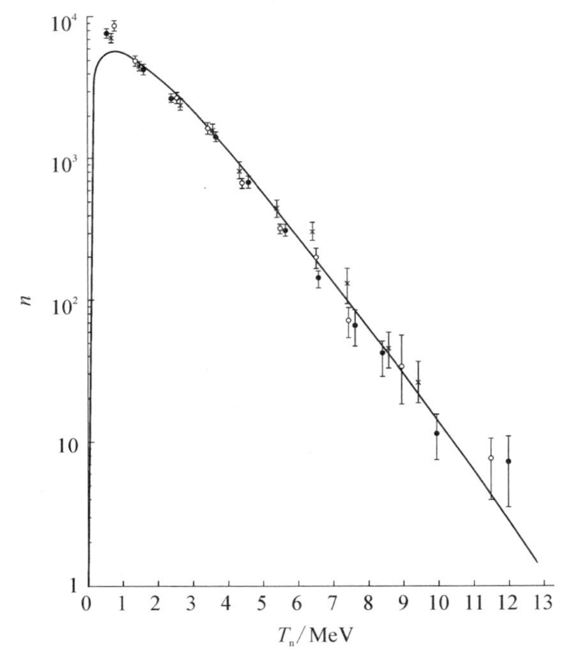

图 1-4　^{233}U(×)、^{235}U(●)和^{239}Pu(○)的瞬发中子谱

6）裂变能[6]

核裂变的两个特性对核能的开发和利用具有决定性的意义：一是裂变中放出中子，二是放出巨大的能量。根据裂变前后原子核的质量亏损可以算出一次裂变放出的能量，例如^{235}U 的质量亏损约为 0.218 u，释放能量约为 200 MeV。这些能量大部分很快(约 10^{-20} s 内)转化为两个裂变碎片的动能，其余为裂变碎片的激发能。激发能一部分通过发射瞬发中子放出，在 10^{-14} s 的短时间内完成；另一部分通过裂变碎片的 β^- 衰变和 γ 发射放出，大部分 γ 射线在瞬发中子后非常短的时间内（$<10^{-13}$ s）发出。少数激发核的激发能超过中子的结合能，也可能发射缓发中子。表 1-2 给出了 ^{235}U、^{239}Pu 裂变能量的分配情况。

表 1-2　^{235}U、^{239}Pu 裂变能量的分配　　（单位：MeV）

靶核	轻碎片	重碎片	裂变产物 β 射线	裂变产物 γ 射线	裂变中子	瞬发 γ 射线	中微子（测不到）	可探测总能量
^{235}U	99.8	68.4	7.8	6.8	4.8	7.5	(12)	195.1
^{239}Pu	101.8	73.8	8	6.2	5.8	7	(12)	202.6

7）链式裂变反应与临界质量

易裂变核 ^{235}U 裂变放出约 200 MeV 能量的同时，还释放出 2～3 个中子，这就为核能的大规模利用和设计高威力的核武器提供了可能。

在一个核装置系统中，裂变释放的中子有 4 种可能的状态。

(1) 从系统逃逸出去。

(2) 与其他裂变核，如 ^{235}U、^{238}U 或 ^{239}Pu 等发生(n，γ)反应，使中子被俘获而损失掉。

(3) 与系统其他结构材料或杂质材料发生(n，γ)反应而损失掉。

(4) 与可裂变核发生下一轮的裂变反应的同时，放出 2～3 个中子，即除去其裂变时用去一个中子，还盈余 1～2 个中子。

只有当前三种过程中子的损失少于第四个过程盈余的次级中子，即平均还有一个以上的中子能引起下一代的裂变反应时，裂变反应才可自行持续地进行下去，这就是自持链式裂变反应。在一个系统中，如果每次裂变反应产生的中子不到一个，裂变反应的规模就会逐渐减小，直至反应终止，该系统称为次临界系统。如果引起下一代裂变反应的中子多于 1 个，裂变反应的规模就会越来越大，该系统称为超临界系统。核武器就是在高超临界条件下瞬时放出巨大能量的系统。如果一次裂变放出的中子引起下一代裂变的中子恰为 1 个，则称该系统为临界系统。核电站的反应堆就是工作在临界状态下的核裂变放能系统。

在一定条件下，为实现链式裂变反应所需核材料的最小质量称为临界质量[7]。表 1-3 列出了两种重要裂变材料在球形结构、常密度下的临界质量数据。

表 1-3 裸金属球临界质量

装置名称	材料	质量/kg	密度 ρ/(g/cm³)	缓发中子份额/%
Godiva	高浓铀	52.25	18.71	0.68
Jezeble	武器级钚	16.45	15.818	0.23

注：Godiva HEU 成分：^{235}U 占 93.71%；^{238}U 占 5.24%；^{234}U 占 1.05%。
Jezeble δ 相钚合金：^{239}Pu 占 94.134%；^{240}Pu 占 4.848%；Ga 占 1.018%。

8) 裂变产物和裂变产额

原子核在中子的作用下裂变产生的两个裂变碎片及其衰变子体称为裂变产物。刚产生的裂变碎片都是丰中子核，有很高的激发能，能直接发射数个中子，发射中子后的碎片主要以发射 γ 辐射的方式退激。如果发射 γ 辐射后的裂变产物仍是丰中子核，它们还可进行 β 衰变，发射 β 粒子和中微子，并伴有 γ 辐射，直至成为稳定核。在 β 衰变中，偶尔形成一些激发能大于中子结合能的核还可以直接发射中子。裂变产物是多种多样核素的复杂混合物，β 衰变时核内的中子还可转变为质子，原子核的质量数不变，但改变了电荷数。

裂变中子引起裂变产生的某种裂变产物的份额，称为裂变产额 Y。^{235}U 裂变产额随质量数 A 的分布曲线呈双峰结构(见图 1-5)，与入射中子能量略有

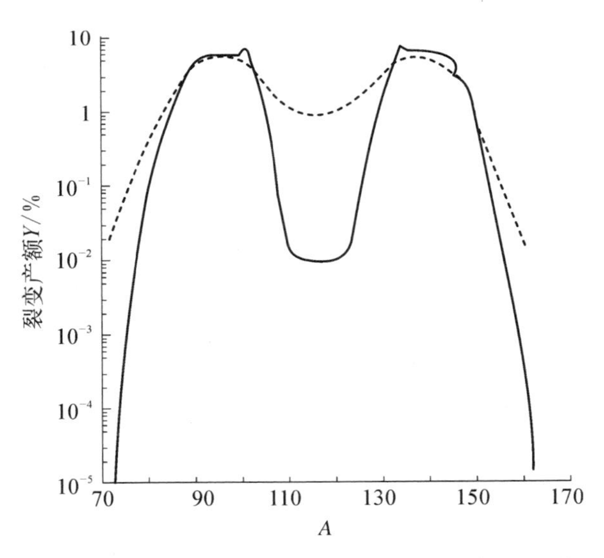

图 1-5 热中子(实线)与 14.1 MeV 中子(虚线)诱发 ^{235}U 裂变产生的裂变产物的质量分布

关系，在 $A=96$，140 附近出现两个极大值，在 $A=118$ 处出现深谷，这表明产生两个质量相近碎片(即对称分裂)的概率很小。

1.4.4 核聚变反应

两个或两个以上的轻原子核合成一个较重原子核的核反应叫聚变反应。在聚变反应中，生成核质量与原始核质量之和的差就是聚变反应的质量亏损，对应的能量就是核聚变能。由于原子核之间的库仑作用，仅当原子核具有足够大的动能时，才能克服彼此间的静电斥力而相互接近，从而发生聚变反应。粒子加速器可赋予原子核参与聚变反应的动能，但现在的加速器产生的束流密度小，因此聚变反应的概率很小。另一途径是使原子核处于高温、高密度状态，使相当多的原子核具有足够的动能实现聚变反应，且聚变放能可以进一步导致温度升高，从而使聚变反应持续下去。所以以此方式产生的聚变反应也称为热核反应。

热核反应必须使聚变燃料形成的等离子体温度 T 足够高(即原子核具有足够的动能)，同时还必须使等离子体中的核密度 n 足够大，以提高粒子碰撞发生的概率。但是 n 太大和温度太高会导致等离子体出现迅速膨胀的趋势而使等离子体温度下降、密度降低，使聚变反应熄火，因此还必须确保等离子体被约束在特定空间的时间足够长，这样才能使聚变放出的能量大于损失的能量，使聚变反应持续下去。等离子体内热能平衡方程为

$$\frac{\mathrm{d}w}{\mathrm{d}t}=P_{\mathrm{h}}+P_{\mathrm{fh}}-P_{\mathrm{b}}-\frac{w}{\tau_E} \tag{1-24}$$

式中，w 为等离子体热能，$w=\int\frac{3}{2}n(T_{\mathrm{i}}+T_{\mathrm{e}})\mathrm{d}V$；$P_{\mathrm{h}}$ 为加热等离子体的有效热功率；P_{fh} 为聚变反应留在等离子体内的功率；P_{b} 为轫致辐射损失的功率；$\frac{w}{\tau_E}$ 为扩散、热导、电荷交换带走的热功率；τ_E 为等离子体的能量约束时间，是表征等离子体能量衰减率的参量。

1）得失相当

所谓得失相当是指单位时间内产生的聚变能等于加热等离子体消耗的热能以及所有损失的能量之和。对氘、氚反应系统，P_{fh} 即为 α 粒子功率，当氘核密度和氚核密度相等时，即在 $n_{\mathrm{D}}=n_{\mathrm{T}}=\frac{1}{2}n$ 情况下(n 为总粒子数密度)，$P_{\mathrm{fh}}=$

$\frac{1}{4}n^2\langle\sigma v\rangle\varepsilon_\alpha$, ε_α 为 α 粒子的能量,σ 为聚变截面,v 为氘、氚核子相对速度。即

$$\frac{1}{4}n^2\langle\sigma v\rangle_{\mathrm{D+T}}(\varepsilon_\alpha+\varepsilon_\mathrm{n})=P_\mathrm{b}+\frac{w}{\tau_E}-P_\mathrm{h} \tag{1-25}$$

式中,ε_n 为聚变中子携带的能量。

2) 点火温度

聚变释放的能量可以补偿热辐射、扩散等过程损失的能量。等离子体温度越高,聚变释放能量越快,辐射、传导等能量损失也越快,但两者变化速度不同,前者比后者快。故两者交点处的温度即为点火温度,如图1-6所示。其大小为

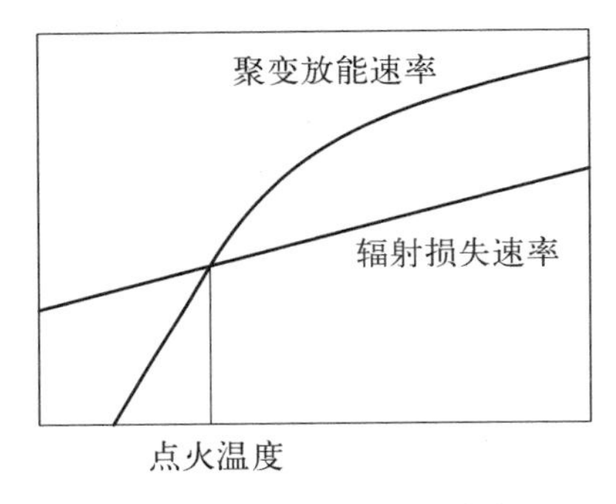

图1-6　点火温度的确定

$$\frac{1}{4}n^2\langle\sigma v\rangle_{\mathrm{D+T}}\varepsilon_\alpha=P_\mathrm{b}+\frac{w}{\tau_E} \tag{1-26}$$

处于点火温度时,等离子体达到稳态 $\left(\frac{\mathrm{d}w}{\mathrm{d}t}=0\right)$,则有

$$P_\mathrm{h}+P_\mathrm{fh}=P_\mathrm{b}+\frac{w}{\tau_E} \tag{1-27}$$

3)"自持"燃烧

"自持"燃烧是指除去外热源,只靠热核放能维持高温。这时 $P_\mathrm{h}=0$,中子飞出等离子体之外,完全靠热核带电粒子的动能加热。只考虑韧致辐射损失,有 $P_\mathrm{fh}=P_\mathrm{b}+\frac{w}{\tau_E}$。人们常用 $n_\mathrm{D}n_\mathrm{T}\langle\sigma v\rangle\varepsilon_\alpha>\frac{3nT}{\tau_E}$ 或 $n\tau_E>\frac{12T}{\langle\sigma v\rangle\varepsilon_\alpha}$ 表征等离子体特性,T 为等离子体的温度,不等式右边仅为温度的函数。有时也用三重积 $n\tau_E T$ 表征点火条件,氘、氚的点火条件是 $n\tau_E T>5\times10^{21}\ \mathrm{m^{-3}\cdot keV\cdot s}$。

4) 主要的核聚变反应

氢同位素氘与氚,以及氘与氘之间的聚变反应是最重要的聚变反应,如:

$$\mathrm{D+D\rightarrow{}^3He+n+3.27\ MeV}$$

$$\mathrm{D+D\rightarrow T+p+4.03\ MeV}$$

$$\mathrm{{}^3He+D\rightarrow{}^4He+p+18.3\ MeV}$$

$$T + D \rightarrow {}^{4}He + n + 17.6\ MeV$$

以上 4 个反应的结果是

$$6D \rightarrow 2\,{}^{4}He + 2p + 2n + 43.2\ MeV$$

平均每个氘核放出 7.2 MeV 的能量，每个核子贡献 3.6 MeV，是中子诱发 ^{235}U 裂变每个核子贡献能量的 4 倍。

氘可从天然水中提取，氚在自然界中极少存在，目前主要通过在反应堆中用热中子照射 ^{6}Li 来制备：

$${}^{6}Li + n \rightarrow T + {}^{4}He$$

^{7}Li 与快中子作用也能造氚：

$${}^{7}Li + n \rightarrow T + {}^{4}He + n' - 2.5\ MeV$$

该反应是吸热反应。

1.5　易裂变核材料及其生产

虽然快中子可使很多核裂变，但中、低能中子只能使 ^{235}U、^{233}U 和 ^{239}Pu 产生裂变，因为它们的裂变截面大，而且这三种核素寿命长（较稳定），都是重要的裂变核材料，统称为易裂变核材料。^{235}U 天然存在，但在天然铀中的含量很少，丰度只有 0.72%。

^{233}U 和 ^{239}Pu 是通过在反应堆中，用中子照射 ^{232}Th 和 ^{238}U 制备的，即

$${}^{232}Th(n,\ \gamma){}^{233}Th \xrightarrow[T_{1/2} = 22.2\ min]{\beta^-} {}^{233}Pa \xrightarrow[T_{1/2} = 27\ d]{\beta^-} {}^{233}U$$

$${}^{238}U(n,\ \gamma){}^{239}U \xrightarrow[T_{1/2} = 23.5\ min]{\beta^-} {}^{239}Np \xrightarrow[T_{1/2} = 2.35\ d]{\beta^-} {}^{239}Pu$$

从核的临界性能看，^{233}U 仅次于 ^{239}Pu，但在生产过程中会经过 $^{233}U(n,\ 2n)$ 反应伴生约 0.5% 的 ^{232}U 杂质，这是一种强放射性元素，其衰变过程如下：

$${}^{232}U \xrightarrow[74a]{\alpha} {}^{228}Th \xrightarrow[1.9a]{\alpha} {}^{224}Ra \xrightarrow[3.64d]{\alpha,\ \gamma} {}^{220}Rn \xrightarrow[54.4m]{\alpha} {}^{216}Po \xrightarrow[0.518s]{\alpha} {}^{212}Pb \xrightarrow[10.6h]{\beta,\ \gamma} {}^{212}Bi$$

数年后，在数千克的含 ^{232}U 的 ^{233}U 中会形成很强的 γ 放射性本底。

^{239}Pu 的核性能比 ^{235}U 的好，但生产成本高，毒性大，有很强的 α 放射性和

一定的β放射性。固体钚有6种性质不同的相,每种相的存在有不同的稳定温度范围和密度(见表1-4)。其中α相钚密度高,坚硬、易碎,不能用通常的加工技术加工。δ相钚密度最低,延展性好,易加工,但不稳定,在很低压力下就会转变为α相。

表1-4　不同相下钚的密度和温度范围

相	密度/(g/cm^3)	稳定温度/℃
α	19.84(20℃)	122
β	17.80(122℃)	122～206
γ	17.20(206℃)	224～300
δ/δ′	15.9(319℃)	319～406
ε	17.0(406℃)	641～沸点

1.5.1　钚的生产与钚产量的估算

钚是在反应堆内用中子照射^{238}U产生的,反应堆中的^{235}U吸收1个热中子裂变后会放出2.07个次级中子,除去维持链式反应所需的一个中子和被冷却剂、慢化剂、结构材料吸收以及泄漏损失外,还有$C=0.8$个中子可用来使堆内的^{238}U转换为^{239}Pu,然后用化学分离的方法可提取^{239}Pu,C称为转换比。

在钚的生产过程中会形成一系列的钚同位素。在生产^{239}Pu的同时,由于^{239}Pu的(n, γ)反应会形成一些^{240}Pu,照射的时间越长,^{240}Pu及接连产生的^{241}Pu,^{242}Pu, …的含量越多[8],^{240}Pu的自发裂变率是^{239}Pu的3万多倍。为此在钚的生产中若控制^{240}Pu、^{242}Pu的生成量,就得减少钚在反应堆中的照射时间,但这样就提高了^{239}Pu的生产成本。

武器级钚中^{240}Pu含量小于7%。堆级钚中^{240}Pu含量在18%以上。

钚的产量与堆的功率及运行时间成正比。为取得相当数量的钚,堆功率必须足够大。令η代表每消耗一个易裂变核能够提供的次级中子数,$\eta-1$是容许泄漏或被易裂变核以外的其他材料(包括转换材料)吸收的中子数。$\eta-1$是转换比C值的上限,因为这些中子不可能全部被转换材料所吸收,还会泄漏以及被慢化剂、冷却剂、结构材料吸收一部分。生产武器级钚的反应堆应该具有转换比C大,而燃耗又不能太深的特点,以限制^{240}Pu的含量。所以用于生产武器级钚的反应堆的主要特点如下：能谱的选择要有利于使其具有最大的产^{239}Pu效率，较短的运行时间以限制^{240}Pu含量，便于用天然铀金属燃料，容易卸料（最好能在线卸料），燃料包皮简单等。

除了专门的钚生产堆生产武器级钚外，在动力堆中也会产生大量的钚。与产钚堆要限制燃耗相反，对动力堆，为了提高燃料的利用率以多发电，需尽量提高燃料的燃耗。随燃耗的增加产出的钚同位素中含^{240}Pu会增多，但在消耗同样^{235}U的情况下，产出的能量可大大增加，高燃耗战略是核电发展的方向。

钚的生产分两步：第一步，^{238}U放在堆中用中子进行辐照；第二步，进行钚的分离，即后处理。20世纪50年代初美国发展了普雷克斯流程（Purex process），即用磷酸三丁酯（TBP）萃取法从辐照过的铀燃料中提取、回收铀和钚的流程。

下面来看钚产量的估算。先来看钚转换因子F的计算。

钚转换因子F，即每兆瓦·天（MW·d）的产钚量，可以如下估算：

取$\eta-1=\frac{\nu\sigma_{\mathrm{f}}}{\sigma_{\mathrm{a}}}-1\approx 0.9$，$\sigma_{\mathrm{f}}$为裂变截面，$\sigma_{\mathrm{a}}$为吸收截面，$\nu$为每次裂变产生的中子数。1 MeV$=1.602\times10^{-13}$ W·s，1次裂变放能约200 MeV，转化比按上限取值，即令$C=0.9$，则1 MW·d产热量下可转化出的钚核子数为

$$N_{\mathrm{Pu}}=\frac{10^{6}}{1.602\times10^{-13}\times200}\times24\times3\,600\times0.9=2.427\times10^{21}$$

由此算出钚的转换因子为

$$F=\frac{2.427\times10^{21}\times239}{6.025\,4\times10^{23}}=0.963\ [\mathrm{g/(MW\cdot d)}]$$

年（按365天计算）产钚量M_{Pu}为

$$M_{\mathrm{Pu}}=(P_{\mathrm{e}}/\eta_{\mathrm{te}})\times C_{\mathrm{R}}\times F\times365(\mathrm{g}) \tag{1-28}$$

式中，P_{e}为堆的电功率，单位为MW，η_{te}为热（功率）电（功率）转换效率，C_{R}为容量因子，$C_{\mathrm{R}}=$实际产热量/全时运行时的产热量，F为产钚的转换因子。在不同的堆型或同一堆型的不同燃耗下，转换因子有所不同，如表1-5所示[8]。

表 1-5 天然铀气冷石墨堆有关物理量随燃耗的变化

燃 耗/(MW·d/t)	^{240}Pu、^{241}Pu与^{242}Pu含量/%	乏燃料钚浓度/(kg/t)	转换因子 g/(MW·d)
100	0.75	0.1	1
300	2.3	0.28	0.933
600	4.4	0.535	0.892
900	6.3	0.78	0.876
1 200	8.1	1.02	0.85

1.5.2 浓缩铀的生产

^{235}U 的天然丰度太低，需要加以浓缩，才可用于能源和核武器。如果用于核武器，要将^{235}U 的丰度由 0.72%浓缩到 90%以上，因此浓缩铀的生产是制造核武器的关键。生产 1 t 含^{235}U 为 90%的浓缩铀大约需要 180 t 天然铀原料。把一定量的铀加浓到一定的^{235}U 浓度所需投入的工作量叫作分离功(SWU)，其单位为千克分离功(kgSWU)或吨分离功(tSWU)。同位素分离工厂的生产能力一般用年产分离功的吨数或千克数来表示。生产 1 kg ^{235}U 浓缩度为 90%武器级铀约需要 200 kgSWU。

1.5.2.1 分离功的计算

令 P 为产品质量，X_P 为产品丰度；F 为供料质量，X_F 为供料丰度；W 为尾料质量，X_W 为尾料丰度；S 为分离功数。则供料比为 F/P，单位产品所需的分离功为 S/P。

定义分离系数

$$q=\frac{R_p}{R_w} \tag{1-29}$$

式中，R_p、R_w 分别为产品与尾料的相对丰度，$R_p=\frac{X_p}{1-X_p}$，$R_w=\frac{X_w}{1-X_w}$。分离增益 $g=q-1$，则描述同位素分离程度的物理量价值函数 $V(X)$是材料丰度的函数，可写为

$$V(X)=(2X-1)\ln\frac{X}{1-X} \tag{1-30}$$

式中，X 可为产品丰度 X_P、供料丰度 X_F 或尾料丰度 X_W。价值函数随材料丰

度的变化如表 1 - 6 所示。

表 1 - 6　同位素分离的价值函数

X	0.05	0.10	0.20	0.50	0.80	0.90	0.95
$V(X)$	2.65	1.758	0.832	0.00	0.832	1.758	2.65

分离功方程可表述为

$$S = PV(X_P) + WV(X_W) - FV(X_F) \tag{1-31}$$

物料平衡方程为

$$FX_F = PX_P + WX_W \tag{1-32}$$

$$F = P + W \tag{1-33}$$

联立方程(1 - 32)与(1 - 33),将 W、F 用 P 表示,可得分离功方程:

$$S = P\left[V(X_P) + \frac{X_F - X_P}{X_W - X_F}V(X_W) - \frac{X_P - X_W}{X_F - X_W}V(X_F)\right] \tag{1-34}$$

掌握了浓缩铀产量计算的知识可帮助我们对浓缩厂的生产能力做定量或半定量的估计。由方程(1 - 34)可见,指定了供料、产品、尾料的丰度,可得到生产一定丰度产品所需的分离功。

由表 1 - 7 前 6 行(除表头)可见,在同样供料丰度、尾料丰度下,产品丰度越高,每千克浓缩铀所需分离功越多,所需供料也越多;由表 1 - 7 第 7 和 8 行可见,在同样产品丰度、尾料丰度下,供料丰度越高,所需分离功越少,所需供料也越少;由表 1 - 7 第 2、9、10 行可见,在同样产品丰度、供料丰度下,尾料丰度越高,每千克浓缩铀所需分离功越少,所需供料越多。

表 1 - 7　供料比 F/P 和单位产品所需分离功 S/P 与产品丰度 X_P、供料丰度 X_F、尾料丰度 X_W 的依赖关系

产品丰度 X_P/%	供料丰度 X_F/%	尾料丰度 X_W/%	每千克浓缩铀所需供料(F/P)/kg	每千克浓缩铀所需分离功(S/P)/kgSWU
1	0.71	0.2	1.57	0.38
3	0.71	0.2	5.48	4.31
10	0.71	0.2	19.2	20.9

(续表)

产品丰度 X_P/%	供料丰度 X_F/%	尾料丰度 X_W/%	每千克浓缩铀所需供料(F/P)/kg	每千克浓缩铀所需分离功(S/P)/kgSWU
20	0.71	0.2	38.7	45.8
90	0.71	0.2	176	227
93.5	0.71	0.2	183	237
3	0.6	0.2	7.0	5.05
3	1	0.2	3.5	2.93
3	0.71	0.25	6.0	3.81
3	0.71	0.3	6.57	3.43

1.5.2.2 铀浓缩的方法

铀同位素分离就是把^{235}U与^{238}U分开。由于铀不同的同位素具有非常相近的物理、化学性质,因此同位素分离很困难,只能利用其质量不同而引起的某些效应将同位素分离开来。为了降低成本,提高资源利用率,世界上已根据不同的原理,发展了多种类型的同位素分离技术[9-10],以下给出生产浓缩铀的几种主要方法及比较。

1) 气体扩散法

这是一种工业应用的大规模生产方法,它将需分离的介质转化为气体状态[如含^{235}U与^{238}U的六氟化铀(UF_6)气体],利用了不同相对分子质量的气体分子混合物在热运动平衡时,两种分子具有相同的平均动能而速度不同的性质。轻分子的平均速度大于较重分子的平均速度,两种分子的平均速度与质量的关系式为$\frac{\bar{v}_1}{\bar{v}_2}=\sqrt{\frac{m_2}{m_1}}$,这样,较轻分子与容器和隔膜(见图1-7)碰撞的次数比重的分子多些。隔膜具有容许分子通过的微孔,这样一来两种分子就以不同的速度穿过多孔膜而扩散。扩散膜是气体扩散设备的核心部件。为了实现分离,要求气体的压力足够低,扩散膜的孔径足够小。当UF_6气体流过分离器时,一部分气体从分离器的高压腔通过扩散膜进入低压腔,在低压腔^{235}U有微小的富集,在高压腔^{235}U被贫化,^{238}U被富集,从而实现同位素分离。

理论上,分离系数的最大值等于两组分的相对分子质量比的平方根,即

$$q=\sqrt{\frac{^{238}UF_6\text{ 的相对分子质量}}{^{235}UF_6\text{ 的相对分子质量}}}=\sqrt{\frac{352}{349}}=1.0043$$

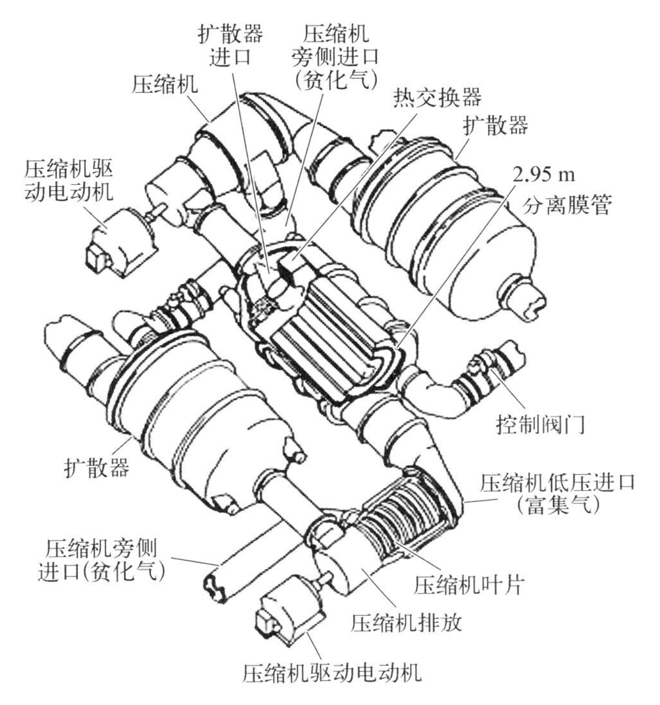

图 1-7　美国气体扩散厂的一个扩散级

实际的分离系数远低于此值。具体数值还取决于机器结构、膜的特性、流量大小、气流状态，运行条件等。

气体扩散法的优点是设备可靠性高，可长期运行，维修工作量较小。缺点是分离系数小，耗电量大[(2 300～3 000)kW · h/kgSWU]，设备的规模大，平衡时间长，不宜于秘密生产。

2）离心法

离心分离器一般做成圆筒形，在高速旋转的离心机圆筒中，由于受离心力场的作用，较重的粒子在靠近外边筒壁附近浓集，较轻的离子在靠近轴线处浓集。从外周和中心处分别引出贫化流分和加浓流分，以实现轻、重同位素分离，达到浓缩的目的，如图 1-8 所示。

离心机的生产能力取决于筒的转速和长度，与外周转速的四次方和筒长一次方成正比。因此为了提高其分离性能，要求离心机高速旋转，转筒细长。对于直径为 10 cm 的转筒，转速要达到 $6\times10^4\sim10\times10^4$ r/min。转筒受到极大的拉伸应力，因而需要高强度合金钢、钛合金、纤维复合材料和高精度的机加工技术，以提高离心机的转速，转子是离心机的关键部件。这种高速运转的

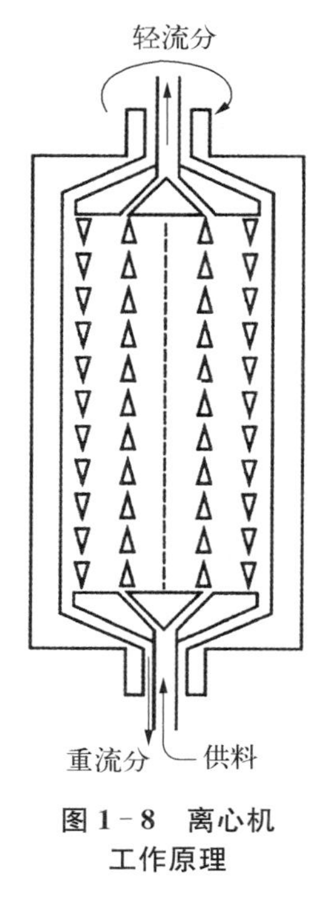

图1-8 离心机工作原理

转子容易在各种因素(失衡、电源波动、气流波动等)的干扰下偏离平衡,发生共振,导致转子破坏。

对转筒内壁半径为 $r=R$ 的离心机,轻同位素A的基本分离系数为离心机旋转筒中心($r=0$)与内壁($r=R$)处较轻同位素A相对丰度[分别为 $X_A(0)$ 和 $X_A(R)$]之比。在平衡温度下,轻、重粒子按能量呈麦克斯韦-玻耳兹曼分布,于是有

$$q=\frac{\dfrac{X_A(0)}{1-X_A(0)}}{\dfrac{X_B(R)}{1-X_B(R)}}=\frac{\exp[-m_A(R\Omega)^2/2\pi kT]}{\exp[-m_B(R\Omega)^2/2\pi kT]}$$

$$=\exp[(m_B-m_A)(R\Omega)^2/2\pi kT] \tag{1-35}$$

式中,Ω 为角速度,k 为玻耳兹曼常数,T 为温度。对铀同位素 $m_{238}-m_{235}=3$,如果圆周线速度($R\Omega$)为50 000 cm/s,$T=300$ K,玻耳兹曼常数 $k=1.380\,41\times10^{-16}$ erg/K (1 erg$=10^{-7}$ J),原子质量单位 u$=1.66\times10^{-24}$ g,于是有

$$q=\exp\left[\frac{3\times1.66\times10^{-24}\times(5\times10^4)^2}{2\pi\times1.38\times10^{-16}\times300}\right]=1.049$$

这是在理论上可达到的分离系数。在同位素分离上,离心法远比扩散法有效,因为离心法分离系数不是取决于质量的平方根,而是取决于两种同位素的质量差。对质量差为3的铀同位素,圆周线速度($R\Omega$)为50 000 cm/s的离心机,分离系数可达1.049。因此为达到一定的浓度,所需的串联级数比扩散法要少得多。但由于一台离心机生产能力小,为达到一定的生产量需很多离心机。如安装两百万台离心机,平均寿命为3年,则每天需更换数百台,这对高效率运行非常不利。这就要求离心机造价低,寿命长,维修、更换方便。

该方法的优点如下:电能消耗少,只有扩散法的1/20;厂的规模可以较小,便于配合需要,由小到大逐步发展;平衡时间短,滞留量小,分批再循环容易;投资大,但运行费用低。

3) 电磁分离法

将待分离的同位素混合物电离成离子,并由一组高压电极引出。在离子

源的出口处得到一高速运动的离子束，束中的离子具有相同的动能，但速度不同，离子进入真空盒后，在横向均匀磁场的作用下，以半径 R 做圆周运动，如图 1-9 所示。

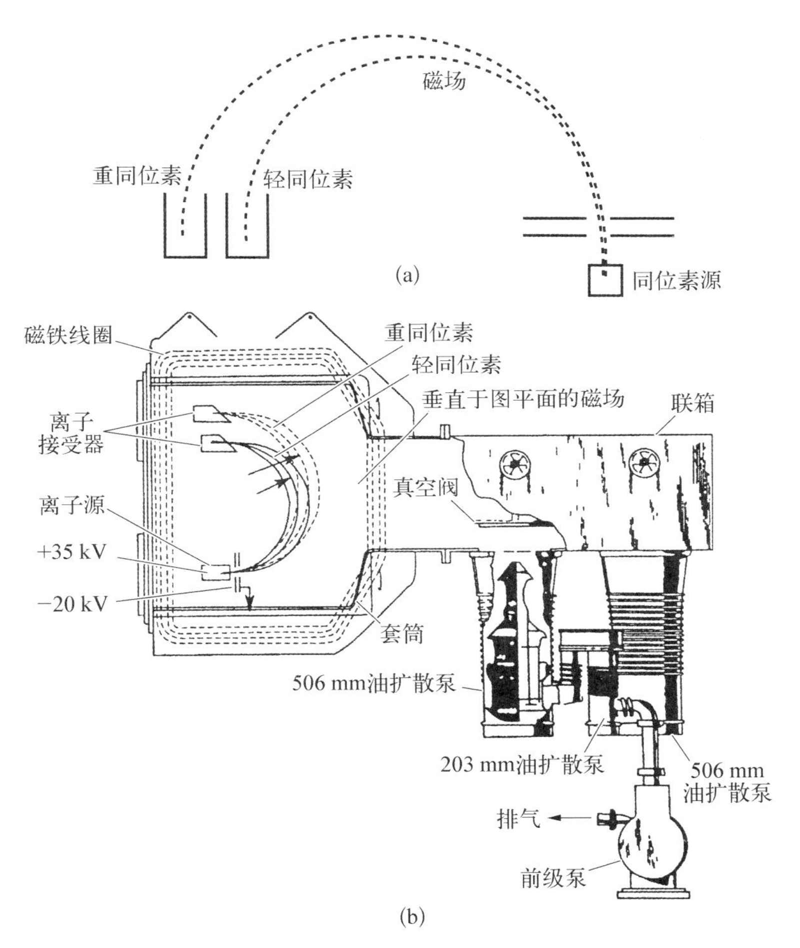

图 1-9　同位素的电磁分离法

(a) 原理；(b) 结构

数学描述如下：

$$Vq_1 = \frac{1}{2}mv^2, \qquad v = \sqrt{\frac{2Vq_1}{m}} \tag{1-36}$$

根据洛伦兹力公式，有

$$q_{\mathrm{I}}vB = \frac{mv^2}{R}, \qquad q_{\mathrm{I}}B = \frac{mv}{R}$$

于是可得

$$R = \frac{1}{q_{\mathrm{I}}B}\sqrt{2Vq_{\mathrm{I}}m} = \frac{1}{B}\sqrt{\frac{2Vm}{q_{\mathrm{I}}}} \tag{1-37}$$

式中,V 为离子的加速电压,q_{I} 为离子的电荷数,m 为离子的质量数,v 为离子运动的速度,B 为横向磁感应强度的大小,R 为离子运动半径。由式(1-37)可知,轻、重离子由于其质量 m 不同,将沿不同的轨道在磁场中运动。质量较大的离子运动半径较大。离子偏转一定角度后,用收集板在不同位置可收集到相应质量数的离子,而后用电荷将离子中和,便可得到该同位素被浓缩了的原子。这种方法投资大,耗电多,效率低,但技术相对简单。该方法曾在美、苏研制核武器初期被用来生产原子弹所需的高浓铀,20 世纪 80 年代至 90 年代初又被伊拉克所用,试图生产核武器计划所需的浓缩铀。

4) 气体动力学分离法

迫使氢或氦气稀释的 UF_6 气体,通过狭缝喷嘴而膨胀,在膨胀过程中加速的气流顺着喷嘴沟的曲面壁弯转,像在离心机中一样,轻、重粒子受不同离心力的作用。较重粒子在靠近壁面处浓集,较轻粒子在远离壁面处浓集。利用喷嘴出口处的楔形物尖角将含 ^{235}U 较多和较少的流分分开,如图 1-10 所示。掺混氦气是为了提高流速以增强分离的效果。最佳工作压力与狭缝尺寸

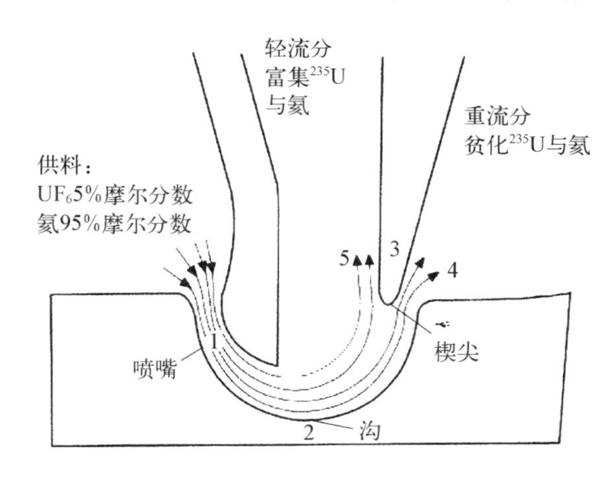

1—狭缝喷嘴;2—喷嘴沟;3—分离楔尖;4—重流分;5—轻流分。

图 1-10 气动分离法工作原理

成反比。压力越高越好。

该方法每个单元分离效率也很小，介于扩散法和离心法之间，约为 1.015。须将大量的分离喷嘴串联为级联。

5）激光同位素分离法

在原子、分子中，同位素质量的差异会引起同位素光谱的位移，据此利用单色性极好的激光有选择地激发某一同位素至一特定的激发态，而后用可调谐的激光有选择地将已激发的原子电离；或用红外光辐照 UF_6，UF_6 有选择地吸收红外光使分子中的原子电离。在分离-收集器的磁场作用下，使特定同位素的离子发生偏转，而后将被电离的原子分出，实现同位素分离。原子蒸气激光分离同位素如图 1－11 所示。

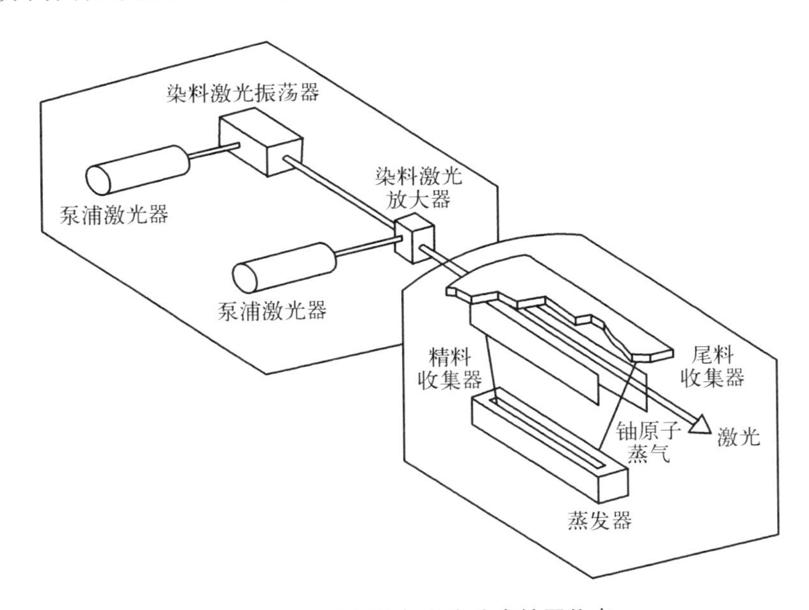

图 1－11　原子蒸气激光分离铀同位素

激光分离是一项非常复杂的技术。它有很多优点：① 能耗最低，每千克分离功仅需 50 千瓦时（kW・h/kgSWU）；② 分离系数高，可达到 10，三级循环浓缩度就可达 90%以上；③ 单元尺寸小，滞留量小，平衡时间短，易隐蔽；④ 投资小。激光分离是一种易于造成核武器扩散危险的方法，也是一种最具吸引力的方法，但现在技术还远未达到商业应用的水平。

6）级联问题

单个分离单元的分离效果很低。为了达到所需同位素丰度，须把许多分离单元互相联结起来,构成级联装置。最简单的级联是同一种型号机器串联的级联,如图1-12、图1-13所示。加浓了的轻流分在级联中流向后一级,贫化了的重流分则反向流向前一级。用压缩机不断地把膜后的低压提高为膜前的高压,使未通过膜的气体流分流动,经冷却送入相应的扩散筒。每个级都有两个出口和两个入口,与前后级相连,整个系统构成一个闭合的工艺回路。系统有三个外通的管道:供料口、产品出口和尾料出口。供料口至产品出口的一段叫加浓段,供料口至尾料出口的一段叫贫化段。

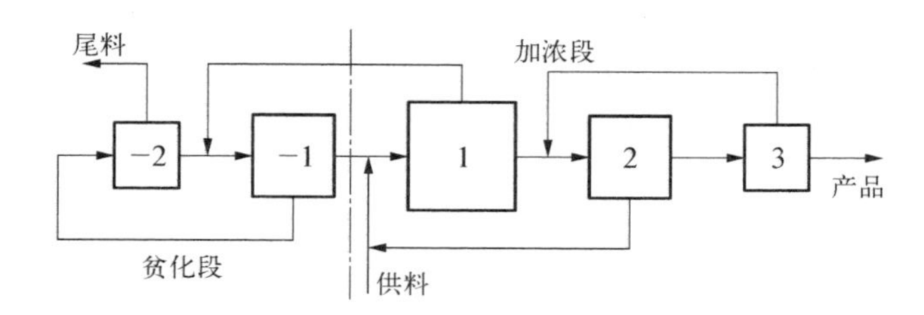

图1-12　带贫化段的逆流循环级联

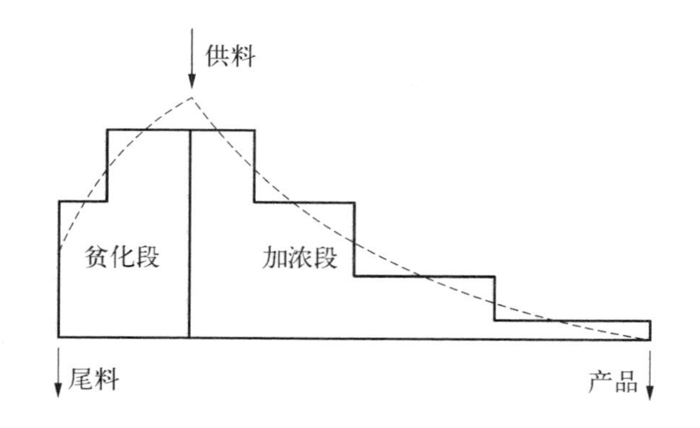

图1-13　理想级联(虚线)和实际级联(实线)的流量分布

加浓段,从0级进料到S级出料相对丰度值为$R_P=\alpha^{S+1}R_F$,α为级的加浓系数,R_P、R_F分别为产品、供料的相对丰度,贫化段从0级进料到T级出料,尾料的相对丰度为$R_W=\alpha^{-T}R_F$,由此可得

$$S+T+1=\frac{\ln\dfrac{R_P}{R_W}}{\ln\alpha} \tag{1-38}$$

对浓缩系数一定的设备,供料、尾料的丰度给定后,要提高产品的浓度,就

要增加级数，扩大规模。

参考文献

[1] 周志伟. 新型核能技术：概念、应用与前景[M]. 北京：化学工业出版社，2010：14－20.
[2] 裘志洪，王炎森，何国柱. 原子核・中国大百科全书(物理学)[M]. 北京：中国大百科全书出版社，1987.
[3] Alons M, Finn E J. 大学物理学基础第三卷量子物理学与统计物理学[M]. 北京：人民教育出版社，1983.
[4] 范登博施 R，休伊曾加 J R. 原子核裂变[M]. 黄胜年等，译. 北京：原子能出版社，1980.
[5] 蒋明. 原子核物理导论[M]. 北京：原子能出版社，1983.
[6] Keepin G R. Physics of nuclear kinetics[M]. New Jersey: Addison-Wesley Publishing Co., 1965.
[7] 连培生. 原子能工业[M]. 北京：原子能出版社，2002.
[8] David A, Frans B, William W. Plutonium and highly enriched uranium 1996 world inventories, capabilities and policies[M]. New York: Oxford University Press, 1997.
[9] 刘成安，伍钧. 核军备控制核查技术概论[M]. 北京：国防工业出版社，2007：127－134.
[10] 孟先雍. 原子能工业[M]. 北京：原子能出版社，1978.

第2章　原子弹

核能的军事应用是武器发展史上具有里程碑意义的事件。核武器具有一般常规武器无法比拟的杀伤破坏作用，对地区安定、世界和平乃至人类文明的延续将产生深远影响。核武器按核装置设计原理与性能可分为原子弹、氢弹和特殊性能核武器三大类。原子弹是利用铀或钚等易裂变的重原子核裂变反应瞬时释放巨大能量的核武器。本章介绍原子弹的发展简史、基本原理、类型特征及爆炸过程。

2.1　发展简史

20世纪30年代，核物理学有一系列重大发现。1932年2月，英国科学家查德威克发现了中子，德国科学家海森堡和苏联科学家伊万宁科独立地提出原子核是由中子和质子组成的。1934年法国科学家约里奥·居里夫妇用α粒子轰击原子核从而发现了人工放射性，意大利物理学家恩里科·费米发现用中子轰击原子核比α粒更为有效，并用中子与原子核作用得到了60多种人工放射性核素。1938—1939年，犹太血统的科学家迈特纳与哈恩合作发现原子核裂变伴随释放出大量的能量[1]。

要使核能大规模地释放成为可能，关键的问题是在裂变释放能量的同时，是否会放出足够数量的中子，使裂变反应持续进行下去，形成链式裂变反应。

重核中质子很多，库仑斥力很大，为维持原子核稳定，会含相对多的中子，当其裂变为两个较轻的原子核时会放出多余的中子，这是可以预料的。1939年意大利科学家费米与安德森在研究实现链式裂变反应时，发现核裂变时每消耗1个中子会产生2个以上的中子，由此看出实现链式裂变反应的可能性。

深恐德国法西斯利用核科学上的新发现制造大规模杀伤性武器，犹太裔匈牙利物理学家西拉德、魏格拉和特勒等说服爱因斯坦于1939年8月2日写信给美国总统罗斯福，指出“在大量的铀中建立起原子核的链式反应会成为可能，……由此可以制造出极有威力的新型炸弹来。”在此信的推动下，1939年10月美国总统决定成立铀顾问委员会，1942年6月启动了曼哈顿计划[2-3]。

1942年12月2日，世界上第一座可控的链式反应堆达到了临界。

1945年7月16日第一枚原子弹在新墨西哥州试验成功，威力为1.9万吨TNT当量。

1945年8月6日代号为“小男孩”的原子弹在日本广岛上空爆炸，威力为1.5万吨TNT当量，造成66 000人死亡，69 000人受伤[4]。

1945年8月9日代号为“胖子”的原子弹在日本长崎上空爆炸，威力为2.1万吨TNT当量①，造成39 000人死亡，25 000人受伤。

从1945年秋到1949年秋，苏联利用美国部分原子弹设计的情报资料，历时4年研究，于1949年8月29日爆炸了第一枚原子弹，威力为2.2万吨TNT当量，打破了美国的核垄断[5]。

在与美国的合作中，英国花较小代价掌握了研制原子弹的关键技术，经过5年多努力，于1952年10月3日在澳大利亚爆炸了第一枚原子弹。

法国早在1939年就已得知链式核裂变反应的结论，1939—1940年在实验室实现了次临界链式裂变反应，并储存了当时世界上的全部重水。战争打断了该研究计划，科学家流亡国外。战后科学家将主要研究目标放在核能源方面。1954年5月法军在越南奠边府失败，1956年英、法入侵埃及，但在苏联干预下被迫同意停火、撤军。在这一系列政治事件的影响下，法国加深了必须拥有核武器的信念，于1956年底决定加速军事原子计划，并于1960年2月13日在阿尔及利亚撒哈拉沙漠进行了第一次原子弹试验。

中国是第五个掌握核武器的国家。美国军政要员多次对中国威胁使用原子武器[5-6]，中国政府在极为困难的情况下，决定建立自己的核工业。1957年10月15日中国与苏联签订了《国防新技术协定》(以下简称《协定》)，《协定》规定苏联协助中国研制原子弹。1959年苏联撕毁《协定》，1960年8月撤走了援助专家，中国被逼走上了完全依靠自己的力量发展核武器的道路[7]。中国在爆轰物理、中子物理、放射化学、引爆控制系统、计算物理等领域，独立、全面地开展研究、设计工作，于1963年3月提出了第一枚原子弹理论设计方案，于1964年1月生产

① 吨(t)TNT当量是一种衡量核爆炸威力的习惯计量方式，1吨TNT当量相当于释放能量约为4.19×10^{6} J。

出原子弹装料所需的浓缩铀，于1964年10月16日成功地进行了第一次原子弹试验。中国进行核试验，发展核武器是被迫而为，完全是为了自卫。

2.2　基本原理

原子核裂变在释放出大量能量的同时，还释放出2～3个中子，这为实现链式裂变反应，大量核能快速释放提供了可能。但要实现准确、可靠、高效率的核爆炸，还需要创造多方面的必要条件。

2.2.1　中子的命运

一次裂变放出的2～3个中子在系统中有多种不同的状态。

(1) 从系统中漏失。漏失的概率为 $1-P_L$，P_L 为中子留在系统内不漏失的概率。

(2) 被裂变核、非裂变核(包括结构材料、杂质)吸收，以(n，γ)反应而损失，其反应截面为 σ_c，其概率为 $\frac{\sigma_c}{\sigma_t}$，$\sigma_t$ 为总碰撞截面。对不同的核，σ_t 含不同的反应道。对裂变核，$\sigma_t=\sigma_c+\sigma_f+\sigma_{el}+\sigma_{in}+\sigma_{2n}+\sigma_{3n}+\cdots$，其中 σ_c 为(n，γ)反应截面，σ_f 为裂变截面，σ_{el} 为弹性散射截面，σ_{in} 为非弹性散射截面，σ_{2n} 与 σ_{3n} 分别为(n，2n)、(n，3n)反应截面。

(3) 与系统中核素发生弹性、非弹性散射，不损失中子，但改变中子的能量和运动方向。

(4) 与裂变核发生裂变、(n，2n)、(n，3n)反应，共产生 k 个留在系统内的中子，其概率为

$$k=\frac{\nu\sigma_f+2\sigma_{2n}+3\sigma_{3n}}{\sigma_t}P_L$$

上一代一个中子，第二代为 k 个中子，一代时间内中子数增加了 $k-1$ 个；通常称 k 为增殖因子，是表征系统增殖性质的物理量。$k>1$ 时称系统是超临界的，$k<1$ 时系统是次临界的，$k=1$ 时系统是临界的。

2.2.2　临界质量

当系统的核材料选定后，核材料本身的核性能就定了。为提高系统的超

临界性能,在核系统的结构设计上有下列要求。

(1) 减少中子漏失。中子漏失是在系统表面发生的,表面越大中子漏失的概率也越大,而核反应是在系统的体积内发生的,发生核反应的概率与体积成正比。要减小中子漏失的概率就要减小系统的面积体积比[8]。不难证明,在所有几何体中,球形体积的面积体积比最小,设球体半径为 r,则其面积体积比值为

$$4\pi r^2 / \left(\frac{4\pi r^3}{3}\right) \sim \frac{3}{r}$$

可见增大球的半径可以减少中子的漏失概率。

(2) 提高核反应系统的密度。对核反应来说,系统的大小是用中子的平均自由程(中子与其他粒子碰撞所通过的平均距离)来量度的。当中子的平均自由程减小时,虽然系统的质量未变,中子的碰撞概率增加,漏失概率减少;平均自由程越小,发生反应的概率越大。中子与核发生反应的平均自由程与材料的密度成反比,增大物质的密度就可减小自由程。对半径为 r_0 的系统进行压缩,压缩比表示为 $\bar{\sigma} = \rho/\rho_0$。$\rho_0$、$\rho$ 为压缩前后的密度。设 l_0、l 为压缩前后的平均自由程,压缩前后以自由程量度的半径如表 2-1 所示。

表 2-1　压缩前后以自由程量度的半径

压缩状态	半　径	中子平均自由程	体　积	密　度
压缩前	r_0	l_0	$V_0 = \frac{4}{3}\pi r_0^3$	ρ_0
体积压缩 $\bar{\sigma}$ 倍后	$r = r_0 \bar{\sigma}^{-1/3}$	$l = \frac{1}{\bar{\sigma}} l_0$	$V = \frac{1}{\bar{\sigma}} V_0$	$\rho = \bar{\sigma}\rho_0$

半径为 r 的系统,以发生反应的平均自由程 l 量度,有

$$\frac{r}{l} = \frac{r_0 \bar{\sigma}^{-1/3}}{l_0 \bar{\sigma}^{-1}} = \frac{r_0}{l_0} \bar{\sigma}^{2/3}$$

即以平均自由程 l 量度,系统压缩后的 $\frac{r}{l}$ 是压缩前 $\frac{r_0}{l_0}$ 的 $\bar{\sigma}^{2/3}$ 倍,即压缩后系统以平均自由程量度的半径是压缩前的 $\bar{\sigma}^{2/3}$ 倍,如果不以平均自由程量度,则压缩后的实际半径缩小为

$$r = r_0 \bar{\sigma}^{-2/3}$$

(3) 增设反射层。在核反应系统外加反射层，可将一部分漏失的中子反射回去，以减少中子的漏失。作为反射层的材料，要求其密度大，散射截面大，俘获截面小。

密度大的材料还会起到原子弹弹芯的惰层作用，用以延缓弹芯因裂变放能、增温而造成的反应材料膨胀，可增加裂变反应维持时间，提高原子弹爆炸的威力。

在原子弹设计中，弹芯裂变与反射层(惰层)材料的性质、成分、体积、密度和几何结构初步选定后，运用描述各种核素特性的中子作用截面，求解中子输运方程，就可给出中子行为的完全描述，包括中子的位置 r、能量 E、运动方向 $\vec{\Omega}$ 及系统的临界性等的积分参量。

1946 年 B. 戴维森(B. Davison)与 K. 富克斯(K. Fuchs)在对中子参数做单群、中子散射各向同性、反射层为纯散射介质的近似下，给出了金属裸球与带反射层金属球的临界半径经验公式[9]：

$$\beta r_c = \frac{1.814}{\sqrt{1-\alpha/\beta}} + 0.16\sqrt{1-\alpha/\beta} - 0.697 \qquad (\text{裸球})$$

$$\beta r_c = \frac{0.907}{\sqrt{1-\alpha/\beta}} + 0.370(1-\alpha/\beta) \qquad (\text{对无限大反射层})$$

式中，r_c 为临界半径；$\alpha = l^{-1} = N\sigma_t = N(\sigma_s + \sigma_f + \sigma_c)$ 为核反应的平均自由程倒数；$\beta = N(\sigma_s + \nu\sigma_f)$ 表示单位路程上放出的平均中子数，其中，σ_s 为散射截面；β/α 表示一次碰撞产生的平均中子数(与密度无关)；α 与 β 表达式中的 N 为材料的核密度。

由临界半径可算出临界质量，临界质量是原子弹研制的一个关键参量，一般要通过实验对理论计算结果加以测定，以检验理论计算的精度。

2.2.3　裂变放能速率

要设计高效率的裂变武器，中子增长必须非常迅速，因为当系统裂变放能以后，系统就会快速膨胀，体积增大，从而密度降低，使系统从超临界过渡到次临界，裂变反应很快终止，系统解体。只有在系统解体之前就完成大量的核裂变，才能达到理想的核爆威力。

定态系统的中子数服从如下平衡关系：中子随时间增长速率＝产生速率－吸收速率－泄漏速率。描述中子数平衡的方程是玻耳兹曼方程。从玻耳兹曼方程可以求出中子数随时间变化的关系为

$$N(t)=N(0)e^{\lambda t}$$

式中，$N(0)$ 与 $N(t)$ 分别为 0 与 t 时刻的中子数，裂变数是与中子数成正比的，因此裂变数也服从这个关系。λ 为中子增殖时间常数，当 $\lambda=0$ 时，中子数不变，称系统是临界的；当 $\lambda>0$ 时，系统是超临界的，λ 越大，中子增长越快；当 $\lambda<0$ 时，中子数会随时间越来越少，系统是次临界的。如果系统的中子增殖因数为 k，一个中子经过一代时间(即中子从产生，经过各种碰撞反应过程到消亡所需的时间)变为 k 个中子，即增加了 $k-1$ 个中子，由此可以估算出

$$\lambda=\frac{k-1}{\tau}$$

而 τ 为每代的平均时间，约为 l_f/v，即中子运动 1 个自由程或发生 1 次反应平均所需的时间，l_f 与核材料的裂变截面及核密度成反比，裂变截面 σ_f 或核密度增大一倍，τ 或 l_f 就减小一半。v 为中子速度，不同速度的中子对增殖的贡献是不同的。对于 1 MeV 的中子，$v=1.38\times10^9$ cm/s。对于 ^{235}U 和 α - Pu 可估算出 τ 值，如表 2 - 2 所示[10]。

表 2 - 2　平均一代时间 τ

核材料	密度/(g/cm^3)	σ_f/b	l_f/cm	$\tau/\times10^{-8}$ s
^{235}U	18.8	1.4	14.8	1.07
α - Pu	19.8	1.85	10.8	0.78

热中子的运动速度很慢，所以热中子系统与中能中子系统一代时间比快中子系统长得多。

热中子反应堆：$\tau=10^{-3}$ s

中能中子反应堆：$\tau=6\times10^{-5}$ s

快中子反应堆：$\tau=10^{-8}$ s

中子增长速率在提高武器效率中有决定性的作用，为提高武器的效率，就要增大 λ 值，即提高系统超临界度，使中子一代时间 τ 尽量短，中子增殖因数 k 尽量高，为此武器中要用高浓缩度金属铀或钚。

2.2.4　裂变核武器的设计原则

裂变核武器的设计原则有 4 条。

（1）起爆前使裂变核材料处于深次临界状态，以保证核武器起爆前安全度高。

（2）起爆后使裂变材料以最快的速度达到高超临界，并适时注入足够数量的中子，引发链式裂变反应。

（3）炸药起爆后，在系统从次临界过渡到高超临界前的时间里，应尽量避免中子进入系统。如果在系统从临界到高超临界的时段内，系统尚未达到最佳状态就注入中子（过早点火）引发裂变链式反应，会使系统提前膨胀，严重影响武器的效率。为此要采用高效炸药，尽量缩短从次临界压缩到高超临界的时间；要选用含自发裂变概率小的核材料。如对钚材料要限制其中 ^{240}Pu 自发裂变及会发生（α，n）反应的轻元素杂质的含量，以减少本底中子的来源。

本底中子有以下几种来源：

① 宇宙射线本底，其所引起的中子注量率约为 0.013/(cm^2·s)，对于半径为 10 cm 的圆面积，每秒可能接受 4 个中子，在内爆短促的时间内引发过早点火概率很低，影响可忽略。

② 材料杂质的 α 放射性，α 会通过与轻材料如铍、氟的（α，n）反应放出中子；但 α 粒子的射程很短，容易屏蔽。

③ 铀、钚同位素通过自发裂变放出中子，以 ^{240}Pu 的作用最大，其自发裂变中子强度为 1.04×10^6/kg·s。由于 ^{240}Pu 的这种性质，使含 ^{240}Pu 成分多的钚不能用于制造合拢时间很长的枪法原子弹。

（4）阻挡系统飞散，延长系统维持较高密度的时间，尽量使系统解体前有尽可能多的裂变材料发生裂变。为此可在易裂变材料外面围以高密度物质构成的惰层，用以阻挡裂变材料的飞散，同时减少中子漏失。

在武器设计中，为满足武器系统适时点火的要求，还要保证有准时提供足够数量中子的设备——中子源部件。

2.3　原子弹的类型和核爆炸的特点及过程

本节介绍三种原子弹类型及核爆炸共同特点与过程。

2.3.1　原子弹的类型

不同原子弹的类型和细致结构的差异很大。美国早期设计的原子弹有枪法原子弹与内爆法原子弹;1945年之后,大力探索提高威力的途径,于1951年成功试验了助爆型原子弹。

1) 枪法原子弹

枪法原子弹[11]是指在起爆前将两块裂变材料(^{235}U)分开放置,各处于次临界状态,依靠化学炸药爆炸产生的推力,使两块浓缩铀迅速合并在一起,通过增加体积使整个系统由次临界状态过渡到超临界状态,适时加入中子,使系统发生链式裂变反应的一种原子弹,如图2-1(b)所示。

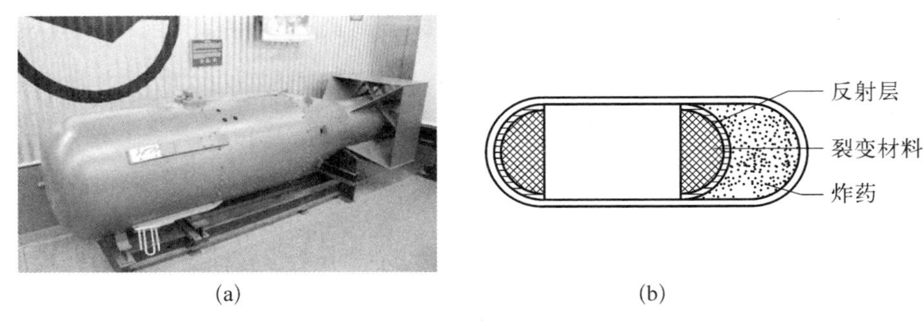

(a)　　(b)

图2-1　枪法原子弹"小男孩"及其结构

美国投在日本广岛的原子弹"小男孩"即为枪法原子弹,威力为1.5万吨TNT当量,燃耗仅有1.3%。枪法原子弹的缺点如下:

(1) 因为核材料未加压缩,需耗用大量裂变材料才可达到超临界,材料利用效率低,弹体重。

(2) 拼合过程时间长,达数毫秒,过早点火概率大,导致早爆问题严重。

(3) "炮弹"插入靶块前需要一定的加速距离,这就要将弹体做得较长。

其优点是技术简单,弹体直径较小。

2) 内爆法原子弹

内爆法原子弹[12]又称为压紧型原子弹,是用炸药爆炸产生内聚冲击波,压缩裂变材料系统,使其向心内聚,增大密度,从次临界状态过渡到超临界状态,引发链式裂变反应形成爆炸的一种原子弹,如图2-2[12]、图2-3所示。

图2-2　内爆法原子弹"胖子"

内爆法原子弹有如下优点:

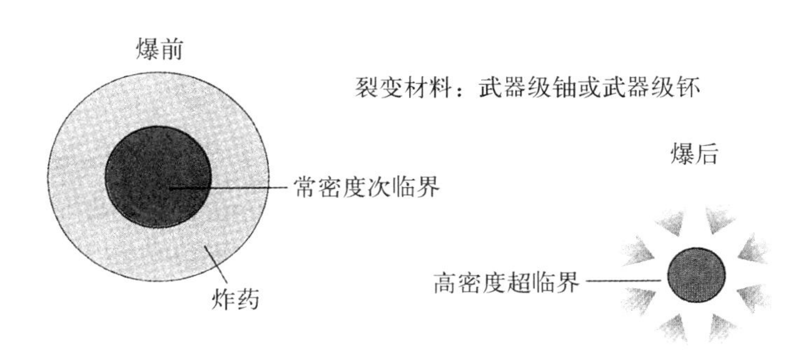

图 2-3　内爆法原子弹原理

(1) 内爆压缩时间短，从临界到高超临界时间只需数微秒，可大大减小游散中子引发过早点火的概率。

(2) 内爆压缩可将弹芯密度压缩到原来的 2 倍以上，大大提高了系统的超临界度和裂变材料的利用效率，便于设计小型化的武器。

内爆法原子弹有如下缺点：

(1) 技术要求高，要求设计高效、精密的内爆压缩系统；中子源的技术难度大，要求具有高强度的中子源。

(2) 要求很高的加工、装配工艺水平，精度不够会影响内爆压缩的对称性，影响武器的效率，甚至成败。

美国投在日本长崎的原子弹"胖子"就是一枚内爆法原子弹(见图 2-2)。

3) 助爆型原子弹

助爆型原子弹[11]是在裂变燃料芯的中央空腔内注入少量氘氚气体，利用氘氚聚变反应放出的中子增加裂变，从而提高裂变燃料装料利用率和增大威力的一种内爆法原子弹。其原理是先用炸药内爆使裂变系统达到超临界，由中子点火部件(外中子源系统)放出中子，引发链式裂变反应；利用裂变反应放出的能量使内爆压缩后的氘氚气体达到高温、高密度后，发生聚变反应放出大量的高能中子；利用高能中子在裂变材料中的快速增殖大大增加裂变数，从而提高裂变材料的利用率，增加裂变威力。因而，助爆型原子弹有利于核装置的小型化，还可以通过改变氘氚气体注入量调节威力。

2.3.2　核爆炸的特点及爆炸过程

化学爆炸是原子、分子间起化学反应产生大量气体，并在有限的空间内释放出大量能量，产生高温、高压而形成的爆炸。但核爆炸是由核反应释放核子的结合能引起的,产生的能量强度远非化学爆炸可比拟。人们在计量核武器爆炸能量时,习惯用释放同样能量的 TNT 炸药质量作为计量单位,如吨 TNT,万吨 TNT 等。1 kg 铀裂变放出的能量相当于 1.76 万吨 TNT 炸药放出的能量。

枪法原子弹与内爆法原子弹爆炸过程的物理图像差别不大,这里以内爆法原子弹的爆炸过程为例,简要加以说明。

其爆炸过程大致可分为 4 步。

(1) 内爆压缩。雷管点火,引爆炸药,爆轰波以聚心冲击波的形式在金属层中传播。冲击波扫过的地方,物质的压力、密度与速度大为提高。随着惰层、裂变芯向中心聚拢、压紧,系统从次临界迅速过渡到高超临界状态。

(2) 中子点火。裂变系统处于高超临界状态时,注入足够数量的中子,引发链式裂变反应。

(3) 链式裂变反应时,中子数 N 随时间的指数增长规律为

$$N(t)=N(0)e^{\lambda t}$$

$$\lambda=\frac{k-1}{\tau}$$

核能、温度、压力急剧增高,导致系统迅速膨胀。

(4) 系统解体。随着原子核裂变放能,燃耗加深,越来越多的易裂变核变成了碎片,裂变材料的浓度越来越低;裂变区变为高温、高压的热气团,使反应区高速向外膨胀,系统体积增大,密度变小,中子漏失;最终使系统从高超临界变成低超临界、变成次临界、放能停止。

一团蓄积了巨大能量的高温、高压、高放射性的气团将以排山倒海之势在空气中形成强烈的爆炸。

核爆炸对人员和物体产生的毁伤破坏因素主要有冲击波、光辐射、早期核辐射、放射性沾染、核电磁脉冲等。以空中核爆为例,其杀伤破坏因素形成的过程如下:在核爆炸瞬间放出巨大的能量,使反应区的温度升高到 10^7 K 以上,压力升高到 10^{15} Pa 以上,形成一个高温、高压火球。火球猛烈地向外膨胀,压缩周围的空气,形成向四周传播的冲击波。核爆火球不断地以光和热的形式向外辐射能量,形成光辐射。火球迅速膨胀并上升,数秒或数十秒后,冷却成灰褐色含高辐射强度的烟云,同时在爆心投影点地面掀起尘柱。烟云或尘柱中的放射性颗粒在随风飘散过程中,逐渐降到地面,形成核爆后地面、空

气等生态环境的放射性沾染。核爆中产生的中子、γ射线构成核爆炸早期核辐射。核爆产生的瞬发γ射线、X射线等与空气相互作用时，由于地面和大气存在不对称等因素会产生非对称电子流，该电子流的增长和消失，激励出很强的电磁脉冲，这是核爆特有的另一种杀伤破坏因素。

参考文献

[1] 库珀. 物理世界[M]. 杨基方，译. 北京：海洋出版社，1984：281.

[2] Schwartz S I. Atomic audit：the costs and consequences of U. S. nuclear weapons since 1940 [M]. Washington：Brookings Institution Press，1998：63.

[3] 贝特朗·戈尔德施密特. 原子竞争，1939—1966[M]. 高强，路汉恩，译. 北京：原子能出版社，1984：91.

[4] 中国大百科全书(第三版)总编辑委员会. 中国大百科全书(第三版)之核技术[M]. 北京：大百科全书出版社，2021：223.

[5] 钱绍钧. 中国军事百科全书(第二版)：军用核技术[M]. 北京：中国大百科全书出版社，2007：37.

[6] Cochran T B，Norris R S，Bukharin O A. Making the Russian bomb[M]. Boulder：Westview Press，1995.

[7] 孙凌云. 中苏核合作秘闻[G]. 世纪，1997，1：43.

[8] 格拉斯顿·萨. 核武器效应[M]. 姚琮，黄新渠，等，译. 北京：国防工业出版社，1965：16.

[9] Davison B，Fuchs K. The critical masses of oralloy [J]. Assemblies Nucleonics，1957，15(6)：90.

[10] 托马斯·B. 科克伦，威廉·M. 阿金，米尔顿·M. 霍尼格. 核武器手册[M]. 柯情山，等，译. 北京：解放军出版社，1985：62.

[11] 《国防科技名词大典》总编委会. 国防科技名词大典(核能)[M]. 北京：航空工业出版社，兵器工业出版社，原子能出版社，2002.

[12] 理查德·罗兹. 原子弹出世记[M]. 李汇川，译. 北京：世界知识出版社，1990.

第3章　氢　弹

氢弹是利用重核裂变反应能量所创造的条件，使氘氚等轻核产生自持聚变反应，瞬时释放巨大能量的核武器。原子弹的威力通常只有数万吨TNT当量，而氢弹的威力可设计为数百万吨TNT当量以至数千万吨TNT当量。氢弹更便于设计成各种特殊性能的核武器，其战术性能更好，用途更广泛。

3.1　基本原理

本节从聚变核反应、聚变核材料、氢弹的结构及运作过程等方面阐述氢弹基本原理。

3.1.1　聚变核反应概率

E. 特勒在其为《大美百科全书》所写的“氢弹”条目中[1]，给氢弹的定义是：从氦的形成中获取能量的一种爆炸装置。氦的形成所涉及的主要聚变核反应式可参见1.4.4节。

核反应发生的概率用反应截面σ表示，入射核与靶核的相对速度以v表示，单位体积中的入射核数为N_1，则单位时间1个靶核所碰到的入射核数即为

$$N_1 \sigma v$$

如单位体积中的靶核数为N_2，可得单位时间、单位体积发生的核反应概率R_{12}为

$$R_{12} = N_1 N_2 \langle \sigma v \rangle$$

相同粒子的聚变反应概率可表示为

$$R_{11}=\frac{1}{2}N_1N_1\langle\sigma v\rangle$$

$\langle\sigma v\rangle$是一个只与温度有关的量，在热核反应率计算中常用能量单位 kT 表示绝对温度，k 为玻耳兹曼常数，$k=1.380\,66\times10^{-23}$ J/K，K 为绝对温度。在聚变反应中，环境温度非常高，绝对温度表述不方便，通常采用千电子伏特表示温度，1 keV = 1.602×10^{-16} J，相当于 $T=1.160\,45\times10^{7}$ K。D—T、D—D(总)、D—^{3}He 三种主要聚变反应在不同温度下的反应概率如表 3－1、图 3－1所示[2]。

表 3－1　热核反应概率$\langle\sigma v\rangle$(cm^3/s)

T/keV	D—T	D—D(总)	D—^{3}He	D—T/D—D(总)	D—D(总)/D—^{3}He
1.0	6.8(−21)①	1.84(−22)	3.42(−26)	37	5 380
2.0	2.98(−19)	5.76(−21)	1.59(−23)	52	362
5.0	1.33(−17)	1.69(−19)	7.43(−21)	79	23
6.0	2.48(−17)	2.92(−19)	2.04(−20)	85	14
7.0	4.07(−17)	4.49(−19)	4.56(−20)	91	9.9
8.0	6.09(−17)	6.41(−19)	8.85(−20)	95	7.2
9.0	8.53(−17)	8.64(−19)	1.55(−19)	99	5.6
10.0	1.13(−16)	1.12(−18)	2.51(−19)	101	4.5
15.0	2.84(−16)	2.74(−18)	1.39(−18)	104	2.0
20.0	4.50(−16)	4.80(−18)	4.06(−18)	94	1.2
30.0	6.62(−16)	9.68(−18)	1.54(−17)	68	0.63
40.0	7.62(−16)	1.51(−17)	3.44(−17)	51	0.44
50.0	8.07(−16)	2.06(−17)	5.81(−17)	39	0.36

注：① 6.8(−21)表示 6.8×10^{-21}，其余类同。

由表 3－1、图 3－1 可以看出，D—T 的反应率比 D—D(总)反应率大得多，热核反应率对温度很敏感，当温度超过 20 keV 时，D—^{3}He 的反应率将超过 D—D(总)的反应率。

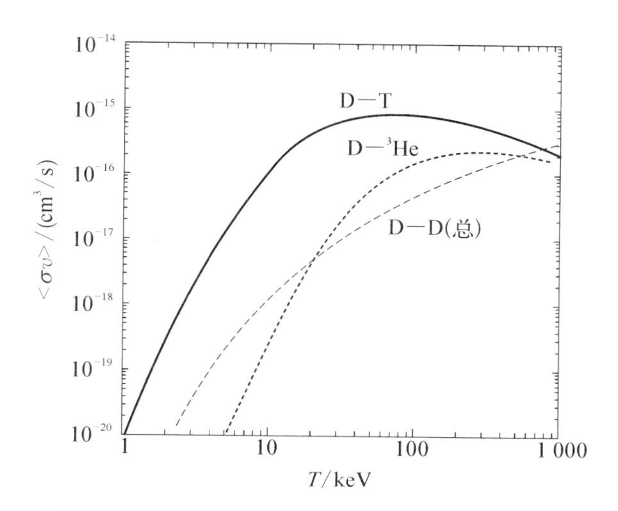

图 3-1 D—T, D—D(总)和 D—^{3}He 的热核反应率

3.1.2 聚变核材料与氢弹中的核反应

在氢弹设计中常用固态的浓缩氘化锂(LiD)作为热核材料,其中^{6}Li 和^{7}Li 与中子反应都生成氚,如图 3-2、图 3-3 所示。

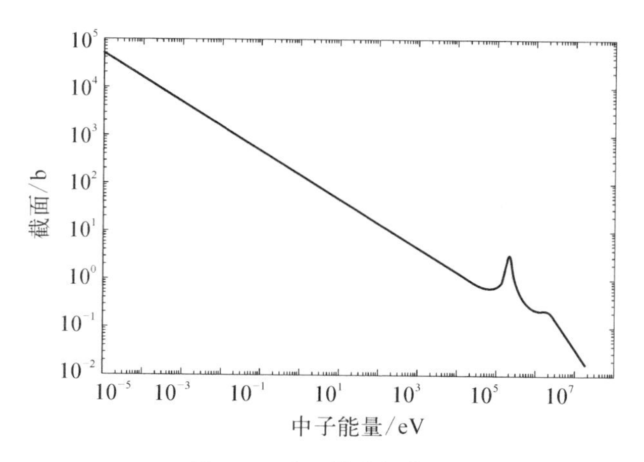

图 3-2 ^{6}Li 的造氚截面

LiD 是一种高效的聚变材料,在氢弹中发生如下核反应:

$$^{6}\mathrm{Li}+\mathrm{n}\rightarrow \mathrm{T}+{}^{4}\mathrm{He}+4.78\ \mathrm{MeV}$$

$$\mathrm{D}+\mathrm{T}\rightarrow {}^{4}\mathrm{He}+\mathrm{n}+17.6\ \mathrm{MeV}$$

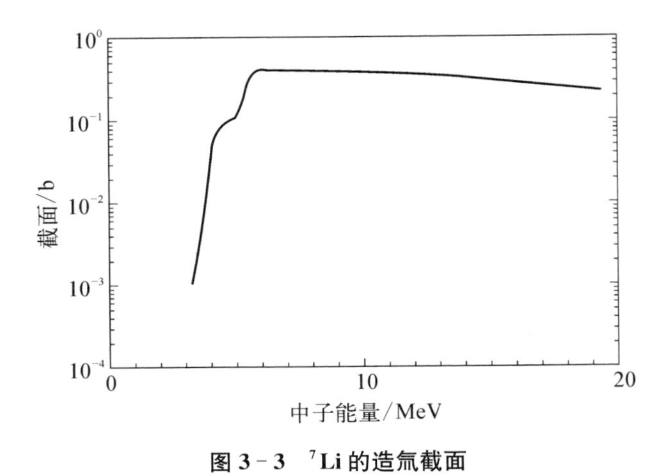

图 3-3 ^{7}Li 的造氚截面

相当于 $^6Li+D\rightarrow 2^4He+22.4$ MeV。由此可以算出 1 kg ^{6}LiD 含能量 6.4 万吨 TNT 当量,同样可算出 1 kg ^{7}LiD 含能量 3.87 万吨 TNT 当量。而 1 kg ^{235}U 只含能量 1.76 万吨 TNT 当量。在裂变放能所形成的高温、高密度环境下,聚变燃料可达到自持点火的条件,即依靠自身聚变反应放出的能量使聚变反应持续进行。锂与中子反应产生氚,氚很快与氘发生聚变反应,产生大量的高能中子;高能中子又会引起裂变材料,包括^{238}U 的裂变,更多的裂变中子与锂作用,又生成更多的氚。在氢弹的系统中可循环数代,达到比裂变材料更高的燃耗。其反应过程如下:

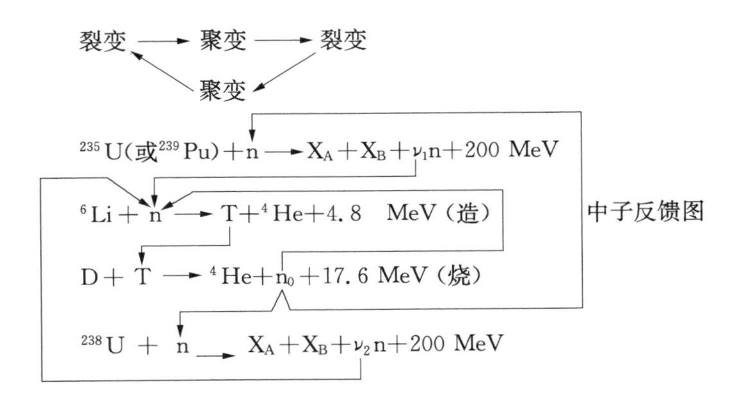

3.1.3 氢弹的结构

1999 年,美国《考克斯报告》给出了氢弹结构示意图[3],如图 3-4 所示,主要部件如下：

（1）初级（扳机）。初级是一个纯裂变或助爆裂变的原子弹，由其为氢弹次级热核反应提供能量。

（2）次级。次级与初级分开放置，由一辐射通道将其与初级连接。次级系统含裂变材料和聚变材料，是热核武器的主要放能部件，一般由裂变燃料弹芯、聚变燃料层和推进层组成，推进层同时也起惰层的作用。

（3）辐射屏蔽包壳。屏蔽包壳环绕在初级和次级外面，用辐射不易穿透的重材料做外壳，把初级产生的辐射能包围在里面，并通过辐射通道传输到次级。

（4）辐射通道。初级的辐射屏蔽壳与次级的推进层之间是辐射通道，辐射通道内充填辐射容易通过的轻材料，其作用是使初级辐射能可通畅地传输到次级推进层。

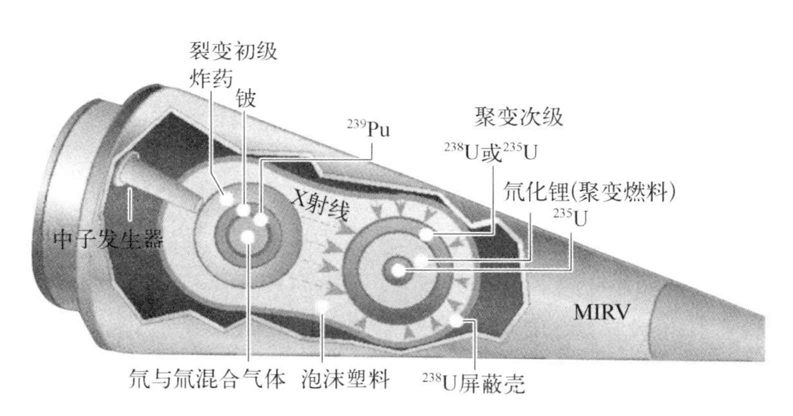

图 3-4 美国先进热核战斗部 W87 的结构

（图片来自《考克斯报告》中文版第 87 页[2-3]）

注：弹头全长为 175 cm、底直径为 55.4 cm，威力为 30 万吨 TNT 当量。

3.1.4 氢弹的运作过程

氢弹的运作过程[3]如下：

（1）初级核爆。初级为纯裂变或助爆裂变的放能系统，在核爆的情况下释放大量能量，系统能量密度极高，其中辐射能占总能量的 80%，物质能只占很小一部分[4]。光辐射能从弹芯向外传输辐射能的速率远大于弹芯膨胀的速率。

(2) 初级的辐射能经辐射通道向氢弹次级的推进层传输。辐射通道的管壁由高原子序数的材料构成,从初级输运过来的辐射能经过辐射通道输运,通道内充满了光子气体,轻物质完全电离,对光辐射变得透明,可通畅地向次级推进层传输辐射能。

(3) 辐射能在次级推进层形成高温高压,压缩次级内部各层物质,次级中的聚变材料、裂变材料被压缩至高密度。次级系统弹芯裂变材料达到高超临界时裂变放能,裂变能传至聚变燃料,聚变点火燃烧。在被压缩的高密度聚变材料中,中子的自由程很小,加速了其中的造氚、烧氚过程。次级系统内聚变、裂变紧密耦合,大大提高了核材料的放能效率。

(4) 次级主体能量释放。在氢弹中,次级中的聚变反应起主导作用。被内爆压缩的聚变燃料点火后,热核反应迅速发展,释放大量的能量,使燃料温度继续升高,聚变反应持续发展。聚变反应在放出能量的同时还放出14.1 MeV的中子(D—T反应)和2.45 MeV的中子(D—D反应),这些中子在慢化至小于1 MeV之前,还可引起大量的^{238}U裂变。

围在热核燃料外面的重材料有4个作用:推进层的作用;延缓飞散、加深燃耗的惰层作用;屏蔽燃烧时热能漏失的作用;作为聚变中子的裂变燃料,起增大威力的作用。

(5) 解体。在推进层中,由于高能中子与^{238}U的裂变放能迅速膨胀,高密度聚变燃料中随着聚变能的大量释放,形成极高的温度和压力,推动外边的惰层向外加速,使整个系统的燃烧区密度下降。裂变反应趋于停止,热核燃料熄灭,系统解体。

3.2 氢弹的特点及发展

相比于原子弹,氢弹有其独特的性质,由此可设计成满足不同功能要求的核武器。

3.2.1 氢弹的特点

氢弹有如下4个特点[5-6]。

(1) 威力不受限制。原子弹主要靠易裂变燃料发生裂变反应放能,所装燃料受易裂变燃料如^{235}U、^{239}Pu的临界质量限制。氢弹主要由热核燃料聚变放能和可转换核燃料^{238}U裂变放能,装量不受临界性限制,因此可设计的氢弹威力在原则上也没有上限。

(2) 可设计成特殊性能的核武器。通过改变氢弹次级设计,可以增强或削弱其某种杀伤和破坏因素,使武器更好地满足不同作战要求。

(3) 可设计成比较干净的核武器。在聚变产物中,^{4}He 是稳定的核,氚是放射性的,但燃耗较深,所剩无几,半衰期也较短,所以聚变放能伴随的放射性危害小。设计中减少裂变材料用量,可减少次级中裂变能量的份额及其相伴的长寿命裂变产物的强放射性危害。

(4) 比较便宜。氢弹中主要放能燃料是聚变燃料 LiD 和裂变燃料^{238}U,远比易裂变材料如^{235}U、^{239}Pu便宜,生产成本低。

应该指出的是,氢弹的设计要比纯裂变的原子弹设计困难得多。氢弹运作中包括十分复杂的物理过程,由于问题描述的复杂性,高速电子计算机在氢弹的理论研究、设计中具有特殊的重要性和作用。

3.2.2 氢弹的研究与发展

1942 年,美国科学家在研制原子弹的过程中,推断原子弹爆炸提供的能量有可能激发大规模的轻核聚变反应,并想以此来制造一种威力比原子弹更大的超级核弹。10 年后的 1952 年 11 月 1 日,美国进行了世界上首次氢弹原理试验,试验代号为"Mike"。试验装置以液态氘做热核材料,爆炸威力约为 1 000 万吨 TNT 当量。该装置连同液氘冷却系统质量约 65 t,不能作为武器使用。苏联于 1955 年 11 月 22 日进行了氢弹试验。在试验装置中使用^{6}LiD作为热核材料,因而质量和体积相对较小,便于用飞机或导弹投放。中国是继英国之后第四个掌握氢弹技术的国家。1966 年 12 月 28 日,中国成功地进行了氢弹原理试验,1967 年 6 月 17 日,由飞机空投的 330 万吨 TNT 当量的氢弹试验又获圆满成功。到 20 世纪 80 年代末为止,世界上已有美国、苏联、英国、中国、法国宣布拥有氢弹[5-6](见表 3-2)。

氢弹是一种有巨大杀伤破坏力的武器。美、苏等国在掌握了氢弹原理之后,都不惜花费巨大的人力和物力来提高它的性能。总体上,对氢弹的研究与改进主要在以下 3 个方面:① 提高比威力,实现小型化;② 提高突防能力、生存能力和安全性能;③ 研制各种特殊性能的氢弹。

3.2.3 中国氢弹原理的突破

中国早在研制第一个原子弹的时候,就已部署了氢弹原理的探索工作,在

4年多的时间里研究了在高温、高密度等离子体状态下的许多基本现象和规律，为突破氢弹研制解决了一些必要的基础问题。原子弹试验成功后，更具体地讨论、制订了突破氢弹原理的计划、研究目标，开始了多路探索，在原理、材料、构型、计算方法等方面，发扬民主、群策群力提出了多种可能解决问题的途径。经过大量、系统的工作后，终于形成了氢弹设计方案，提出了一个从原理到构型完整的氢弹理论设计方案。

1966年12月28日，我国氢弹原理试验圆满成功。1967年6月17日氢弹空爆成功。人们习惯于从第一次原子弹爆炸到第一次氢弹爆炸的时间间隔来看各国核武器发展的速度，从表3-2可以看出中国的速度最快。

表3-2　各国首次原子弹试验与首次多级氢弹试验的时间

国家	首次原子弹试验	首次多级氢弹试验	从原子弹到氢弹时间
美国	1945年7月16日	1952年11月1日	87个月
苏联	1949年8月29日	1955年11月22日	75个月
英国	1952年10月3日	1958年4月28日	66个月
法国	1960年2月13日	1968年8月24日	102个月
中国	1964年10月16日	1966年12月28日	26个月

参考文献

[1] 大美百科全书编辑部. 大美百科全书[M]. 台湾：外文出版社，1990.
[2] 丘克·汉森. 美国核武器揭秘[M]. 北京：国防工业出版社，1962.
[3] 考克斯. 关于美国国家安全以及对华军事及商业关系的报告[M]. 王振西，孙晶，等，译. 北京：新华出版社，1999：87.
[4] Glasston S, Dolan P J. The effects of nuclear weapons, third edition[R]. United Status Department of Defense and United Status Department of Energy, 1977: 22.
[5] 钱绍钧. 中国军事百科全书. 学科分册. 军用核技术[M]. 2版. 北京：中国大百科全书出版社，2007：61.
[6] Hirch D, Mathews W G. The H-bomb: who really gave away the secret? [J]. The Bulletin of the Atomic Scientists, 1990, 1: 22.

第4章 特殊性能核武器

特殊性能核武器是根据作战需要，通过设计将武器的某种杀伤、破坏效应加以增强或减弱的核武器。已经研制成功的特殊性能核武器有中子弹、弱剩余放射性弹（又称冲击波弹）和增强X射线弹等。处于科学可行性研究阶段的特殊性能核武器有感生放射性弹、核爆驱动定向能武器。核爆驱动定向能武器不直接以核爆效应作为毁伤因素，而是将核爆作为一种驱动源，通过转换使核爆释放的能量转换为某种定向能；这种武器有核爆激励X射线激光武器、核爆激励γ射线激光武器和核爆激励高功率微波武器等。

4.1 中子弹

中子弹是以高能中子为主要杀伤破坏因素，相对减弱冲击波和光辐射效应的一种特殊性能的小型氢弹，又称增强辐射武器[1]。

4.1.1 中子弹特性

中子弹的杀伤特点与一般原子弹、氢弹的冲击波、光辐射、早期核辐射、放射性沾染和电磁脉冲5种破坏杀伤效应程度有所不同，它以氘、氚原子核聚变反应释放的高能中子的杀伤作用作为主要杀伤因素。表4-1列出了中子弹与一般裂变核武器杀伤效果的比较，给出了3种杀伤等级吸收剂量与效应半径(m)的关系。

表4-1列出的效应距离与威力的关系中，3种冲击波的强度分别对应对城市建筑物的轻度、中等和严重破坏。3个吸收剂量分别代表3种杀伤等级：80 Gy，人员受到照射后5分钟内丧失活动能力，在1～2天内死亡；30 Gy，人员受到照射后5分钟内丧失活动能力，30～45分钟后部分恢复机能，一般在4～6天内死亡；6.5 Gy，人员受到照射后两小时内人体机能受损，经治疗可能

存活,但多数将在数周内死亡。人员辐射损伤与吸收剂量及爆炸后时间的关系如图 4-1 所示。

表 4-1　中子弹与一般的裂变核武器效应半径的比较

爆高/m	武器类别	吸收剂量/Gy			冲击波超压/atm[①]		
		80	30	6.5	0.41	0.27	0.2
150	1 kt 中子弹	760	910	1 200	430	550	760
	1 kt 裂变弹	400	490	760	520	610	910
	10 kt 裂变弹	760	910	1 200	910	1 200	1 500
460	1 kt 中子弹	760	910	1 200	0	240	460
	1 kt 裂变弹	0	310	580	210	460	610
	10 kt 裂变弹	760	910	1 200	1 200	1 500	2 100
910	1 kt 中子弹	310	610	1 100	0	0	0
	1 kt 裂变弹	0	0	0	0	0	0
	10 kt 裂变弹	310	610	1 100	520	1 100	1 500

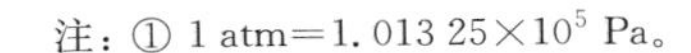
注：① 1 atm=1.013 25×10^5 Pa。

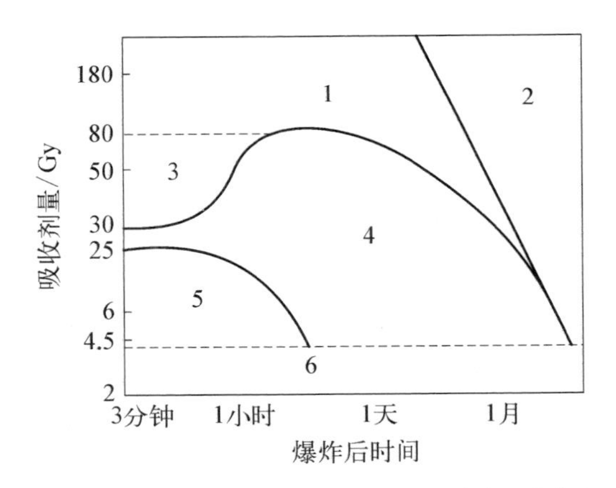

1—完全丧失工作能力;2—死亡;3—短时间丧失工作能力;
4—工作能力降低;5—有工作能力;6—有死亡的可能性。

图 4-1　人员辐射损伤与吸收剂量及爆炸后时间的关系

由表 4-1 中数据可见:

(1) 在较低高度上(150 m)爆炸时,中子弹的核辐射杀伤半径与威力大 10

倍的裂变武器的辐射杀伤半径相当，是同威力裂变武器核辐射杀伤半径的 2 倍，杀伤面积的 4 倍。由此可见中子弹的强辐射特点。

（2）在中等高度上（460 m）爆炸时，中子弹的核辐射杀伤半径与同威力、较低爆高的裂变武器的核辐射杀伤半径相同，但其冲击波的破坏半径大大减小，且显著小于相同威力裂变武器的破坏半径。与相同吸收剂量的 1 万吨 TNT 当量裂变武器比较，冲击波破坏半径小得多。所以，适当提高中子弹的爆高，在核辐射对人员的杀伤半径不变的情况下，对建筑物的破坏可显著减少。

（3）在 910 m 以上高度爆炸，中子弹对建筑物几乎没有破坏作用，辐射杀伤半径也相应减小。如用 1 万吨 TNT 当量的裂变弹对城市却有很大的破坏作用。

为了了解中子弹的特性，特转引瑞典斯德哥尔摩和平研究所 1982 年出版的《世界军备与裁军年鉴》中介绍的中子弹效应距离与威力关系图（见图 4－2），美国国防部提供的中子弹与裂变弹特性比较图（见图 4－3 与图 4－4）以及中子弹头与裂变弹头爆炸时的能量分配（表 4－2）。

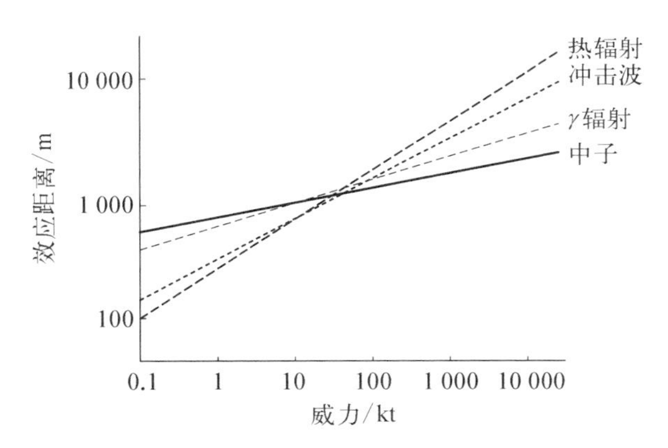

图 4－2　不同威力核武器爆炸时产生的各种效应的作用距离

表 4－2　中子弹头与裂变弹头爆炸时的能量分配（%）

弹头类型	冲击波	热辐射	剩余辐射	瞬发辐射
中子弹头	40	25	5	30
标准裂变弹头	50	35	10	5

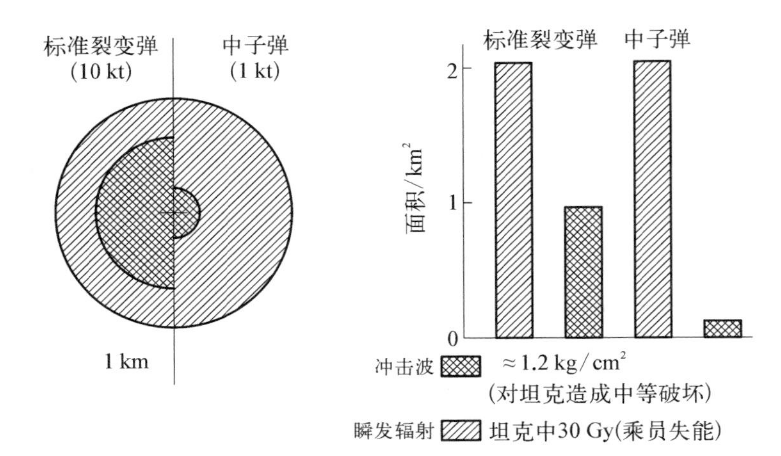

图 4-3　中子弹头与裂变弹头对坦克和坦克机组人员的杀伤破坏效应范围比较

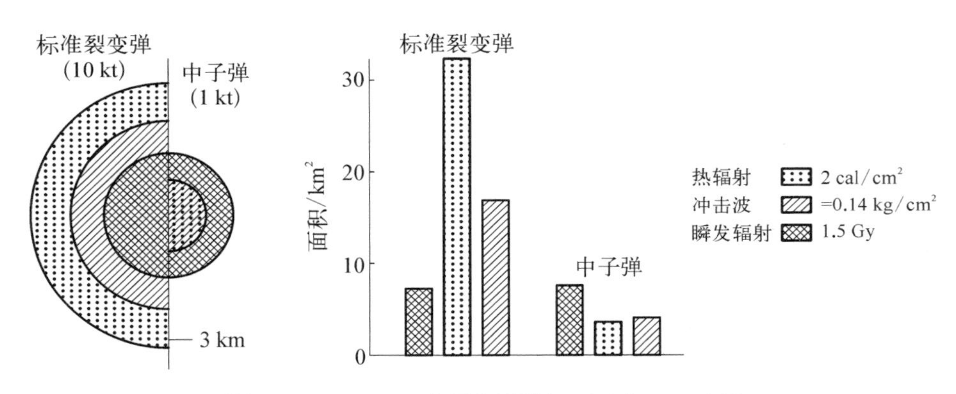

图 4-4　1 kt TNT 当量中子弹与 1 万吨 TNT 当量裂变弹的杀伤破坏效应的范围比较

由图 4-2 可知,当核武器威力很低时,核爆炸的各种效应中,中子、γ 辐射损伤效应是主要的,冲击波和热辐射效应较弱;当威力高时,各种效应的作用半径都会增加,但由于中子、γ 射线在空气中衰减较快,中子、γ 辐射损伤效应的作用半径随威力增加比较缓慢,当威力达到一定值时,冲击波和热辐射效应半径必然会超过中子、γ 辐射损伤的效应半径,这时强辐射特性就减弱了。因此,中子弹设计成低威力的较为合理。

根据托马斯·B. 科克伦等所著《核武器手册》[2] 和相关文献[3],关于中子弹的威力、质量与体积如表 4-3 所示,表中的质量是指核弹头的质量,包括核战斗部与弹头壳体的质量。

表 4-3 美国几种中子弹的威力、质量与尺寸

核战斗部	威力	质量/kg	长度/cm	直径/cm
“长矛”战术弹道导弹/W70-3	两种可调：略低于 1 kt 略大于 1 kt	211	246	56
203 mm 大炮/W79-1	0.8 kt	约 98	109	20.3
155 mm 大炮/W82-0	小于 2 kt	约 43.1	86.4	15.5

4.1.2 中子弹设计及功用

中子弹是利用氘、氚原子核聚变反应释放高能中子以增强中子辐射效应的。

中子弹对吸收剂量强度的要求是在 900 m 处达到 80 Gy。在裂变反应中，每次裂变在放出 200 MeV 能量的同时，放出 2～3 个中子，裂变用去 1 个中子，净得 1～2 个中子，可以算出单位能量放出的中子数约为 2×10^{23}/kt TNT 当量，中子平均能量 $\bar{E}_n=2$ MeV，图 4-5 给出了不同能量的单个中子在距离爆心 800 m、爆高 129 m 处对“标准人”产生的吸收剂量值。吸收剂量考虑了穿透空气后中子、次级 γ 射线与人体的相互作用。从图中可以看出裂变放出的 2 MeV 的中子、千吨威力在 800 m 处的吸收剂量为 $2\times10^{23}\times5.7\times10^{-23}=11.4$ Gy，显然达不到中子弹对吸收剂量强度的要求(80 Gy)。设计中子弹必须利用氘、氚聚变，其优点如下：

(1) 释放的中子多，氘、氚每次聚变放能 17.6 MeV，放出 1 个 14.1 MeV 的中子，所以千吨威力放出的中子数约为 1.5×10^{24}，是裂变的 7.5 倍。

(2) 中子的能量高，中子能量为 14.1 MeV。高能中子不仅穿透力强，且每个中子对人体形成的吸收剂量也高。由图 4-5 可以看出，14.1 MeV 处吸收剂量 $D=1.52\times10^{-22}$ Gy，是裂变中子的 2.7 倍。每千吨威力在 800 m 处的吸收剂量为$(1.0\sim1.2)\times10^{24}\times14.6\times10^{-23}=(146\sim175)$ Gy，是裂变吸收剂量的 12～13 倍。

(3) D—T 反应核的动能占的比例小，由此产生的冲击波也小，所以对地面设施的毁伤作用小。在氘、氚聚变中，^{4}He 动能为 3.5 MeV，占总能量的 20%，而裂变反应中原子核动能占总能量的 93.2%。

(4) 在裂变产物中，许多核素是强放射性的。聚变反应的反应产物核素

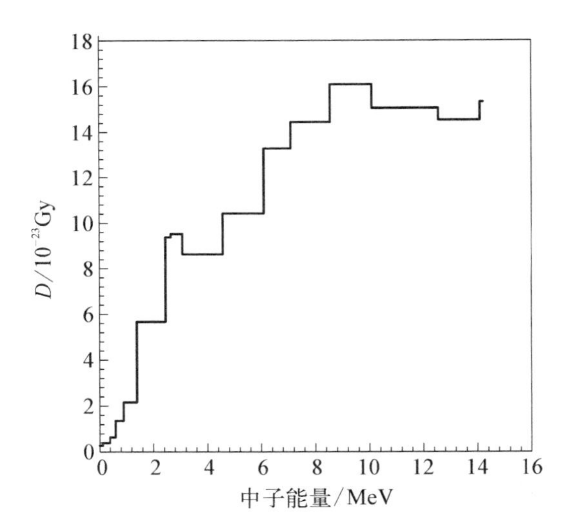

图 4-5　中子及其次级 γ 的吸收剂量 *D*

是^{4}He,是稳定核素,不带放射性。中子弹的初级也含裂变,但所占比重小,聚变的高能中子与土壤中的核素反应也会诱发放射性,但大多是短寿命的,对战区的放射性污染较轻[4]。

表 4-4 列出了裂变与聚变反应放出能量形式的比较。

表 4-4　裂变与聚变反应放出能量形式的比较

反应类型	裂变	聚变
反应式	^{235}U→X+Y+νn+200 MeV	D+T→^{4}He+n+17.6 MeV
瞬时释放总能量/MeV	180	17.6
原子核动能/MeV	168	3.5
瞬时辐射能/MeV	12.3	14.1
瞬时辐射能与瞬时释放总能之比/%	6.8	80
原子核动能与瞬时释放总能之比/%	93.2	20
一次反应释放的平均中子数/个	2～3	1
中子的平均动能/MeV	2	14.1
每放出一个中子的原子核动能/MeV	约 100	3.5

中子弹设计必须解决的主要技术难题如下:

（1）要在爆炸威力尽可能低的情况下，使爆炸释放的中子数量多、能量高。由图 4 - 5 可见，2.4 MeV 以下的中子，吸收剂量显著下降。在中子弹设计中应尽量使聚变中子少被慢化和吸收。

（2）要使核反应产生的中子尽可能多地穿出弹壳。

（3）中子弹本身是低威力的，其初级威力也应尽可能低。

从中子弹的特性可以看出，中子弹瞬发核辐射强，能有效地杀伤战斗人员，特别是中子可有效穿透装甲，杀伤装甲以内的战斗员。冲击波热辐射破坏半径较小，对建筑物等设施破坏性也较小。中子弹的弱点是用氚量大；中子易防护，只要进行适当的防护，人体受中子辐射的伤害就可大大减小；杀伤半径较小，作用时间短，只适合在特定情况下的战场使用。

美国于 1958 年提出了中子弹概念，1962 年开始试验，1963 年试验武器化，1970—1980 年曾生产过数种型号，这些型号均于 1992 年前先后退役。中国于 20 世纪 80 年代掌握了中子弹设计技术。

4.2　弱剩余放射性弹

弱剩余放射性弹是一种以冲击波为主要杀伤破坏因素，同时降低剩余放射性生成量的特殊性能的氢弹，也称冲击波弹[5]。

4.2.1　弱剩余放射性弹的放射性及特性

剩余放射性是由核爆炸产生放射性生成物所构成的延续时间较长的放射性。主要来源如下：

（1）铀、钚核等的裂变产物及未能反应的铀、钚核素。

（2）核爆中子在弹体物质及周围环境造成感生放射性物质。

（3）残留的聚变材料氚。

其中氚以气体状态存在，很少降至地面，部分会与氧化合为水，留在地面或渗入地下。其余的放射性物质大部分存在于火球、烟云中。当火球冷却时，放射性物质及其他物质会结成放射性微粒，形成烟云，随风飘移，因重力作用、大气下沉运动和降雨等原因逐渐降落到附近和下风广大地区，形成放射性沉降物，造成放射性污染。放射性核素的半衰期可从数分之一秒到数百万年，在衰变中释放 α、β 粒子和 γ 射线。以地面爆炸的放射性污染最严重。

4.2.2 弱剩余放射性弹设计原理和功用

从弱剩余放射性弹要求的特性出发,可给出它设计的基本原则。

(1) 降低威力中的裂变威力份额,使武器尽可能地干净。现在还无法设计出不含裂变能的初级装置,因而要尽可能地降低氢弹对初级威力的要求。要降低次级含裂变能的比例,次级应尽量设计成纯聚变或接近纯聚变的次级。

(2) 为减少核爆的中子在弹体材料中产生感生放射性,有人建议用^{197}Au做外壳材料,^{197}Au俘获中子生成^{198}Au,它的半衰期只有2.7天。弹体的支撑组件用掺入^{10}B的致密泡沫塑料[6],致密泡沫塑料中的轻元素有利于中子慢化,低能中子产生感生放射性少。^{10}B的低能中子截面很大,与中子的反应为

$$^{10}B + n \rightarrow {}^{7}Li + {}^{4}He$$

其反应产物是稳定核素,可减少放射性。结构材料也尽量用俘获中子截面小且不产生放射性产物的材料,如以塑料、钒和铅代替钢、铝、钨,也可使核爆产生的放射性核素大大减少。

弱剩余放射性弹比常规武器威力大,其放射性沉降和热辐射次生破坏比普通氢弹小,因此它可像氢弹那样摧毁坚固的军事目标,如破坏机场跑道、地下指挥所和交通要道,阻滞敌军行进等。由于目标区的放射性次生破坏小,爆后不久,己方部队即可进入爆区,因此比较适合战场应用。

由这种核装置特点可以看出,弱剩余放射性弹比较适合和平利用,如开采石油、天然气,开挖运河、人工湖,建造水坝等。

美国自从1954年城堡行动的"Bravo"核试验时发生了严重的放射性沾染事件后,立即开展了减少放射性沉降的研究。1956年在"红翼"行动中试验了干净氢弹。1980年利弗莫尔实验室宣布研制成功了弱剩余放射性弹,宣称这种弹的放射性沉降比同威力的裂变弹降低至少1个数量级,光辐射效应的破坏作用也显著减少。

4.3 增强X射线弹

增强X射线弹是一种以增强X射线破坏效应为特征的氢弹,主要用于(反导的)高空核爆拦截,是军事技术发展的重要方向之一。

4.3.1　增强X射线弹特性

氢弹爆炸的能量包括动能、内能（包括粒子热运动能、热辐射能等）和核辐射能（包括瞬发中子、γ射线能与β射线能）三类。氢弹爆炸因温度很高，内能主要是热辐射能。核爆能量向外传播时，由于与周围介质的相互作用，能量分配方式将发生变化。在海拔高度为100 km左右的高空，由于空气非常稀薄，各种射线与周围介质的相互作用很弱，几乎是自由传播。在不考虑与大气相互作用的情况下，高空核爆的能量主要以X射线和碎片动能的形式放出。在不同高度，核爆各种能量的比例如表4-5、表4-6所示，在高空时70%～80%的内能是以X射线的形式辐射的。

表4-5　高空核爆的能量分配

热辐射		核辐射（瞬发）		碎片动能	核辐射（缓发）		
X射线	紫外、红外、可见	中子	γ辐射		中子	γ辐射	β辐射
70%	5%	约2%	约2%	20%	可忽略	约2%	约3%

表4-6　海平面核爆的能量分配

热辐射		冲击波
X射线	紫外、红外、可见光	
5%	30%	60%

X射线可通过下列机制对敌方导弹造成破坏：

（1）以X射线照射来袭的导弹，10 keV以下较软X射线（低能光子）部分在弹头壳体烧蚀层中只能穿透数毫米，大量的X射线能量沉积在数毫米厚的薄层中，造成薄层内的高温、高压。一方面使烧蚀层烧蚀、破坏，使弹头失去了保护，当其再入大气层时弹头容易遭受毁坏；另一方面在高温、高压层内形成的热激波传入弹头内部，引起弹体层破裂，弹体被毁。

（2）较硬的X射线穿透弹体壳体，可使焊点及内部重金属制成的导线、核装置内的炸药、核裂变材料等熔化。

（3）X射线与导弹系统内的材料相互作用会激发出电子，在系统内外产生瞬时电磁脉冲。电磁脉冲在导弹电子系统中产生瞬时电流、过电压,引起瞬时干扰,造成半导体器件或集成电路的毁坏。

4.3.2 增强 X 射线弹的设计

设计增强 X 射线弹主要有三点要求:

(1) 增强 X 射线弹一般用于拦截来袭的导弹,要求干净,即要求有较高的聚变份额,并在高空爆炸。

(2) 选择易产生 X 射线的材料。

(3) 通过改变 X 射线能谱来调节破坏机制。软 X 射线的作用是产生热激波和增强热蚀效应;硬 X 射线的作用是提高熔蚀效应和电磁脉冲的破坏作用。

美国为“卫兵”反导系统的“斯帕坦”导弹研制的核战斗部 W71,就是按照增强 X 射线原理设计的,其威力为 500 万吨 TNT 当量,总能量的 80%以 X 射线形式,在十分之一微秒内放出[5]。

4.4 感生放射性弹

感生放射性弹[7]用经过特殊选择的核材料代替氢弹的惰层,包在聚变材料的外面。这些材料本身是强放射性材料,或是经聚变中子照射可转变成强放射性材料,从而大大增强了武器放射性沉降的危害。表 4-7 中列出了 4 种可能用到的同位素,这些同位素在天然元素中是高丰度的,它与中子作用产生的放射性产物产额高,产生 γ 辐射的半衰期适中,穿透能力强。

表 4-7 感生放射性弹可能用到的几种材料

同位素	天然丰度摩尔分数	放射性产物	半衰期	射线形式、最硬 γ 能量/MeV	产生的反应
${}^{59}_{27}Co$	100×10^{-2}	${}^{60}Co$	5.26 年	$\beta^{-1}(1.5),\gamma(1.3)$	${}^{59}Co(n,\ \gamma){}^{60}Co$
${}^{197}_{79}Au$	100×10^{-2}	${}^{198}Au$	2.697 年	$\beta^{-1}(0.96),\gamma(1.1)$	${}^{197}Au(n,\ \gamma){}^{198}Au$
${}^{181}_{73}Ta$	99.99×10^{-2}	${}^{182}Ta$	115 天	$\beta^{-1}(0.54),\gamma(1.2)$	${}^{181}Ta(n,\ \gamma){}^{182}Ta$
${}^{64}_{30}Zn$	48.89×10^{-2}	${}^{65}Zn$	244 天	$\beta^{-1}(0.33),\gamma(1.1)$	${}^{64}Zn(n,\ \gamma){}^{65}Zn$

采用同位素${}^{60}Co$的感生放射性弹叫钴弹,是由 L. 西拉德提出的,钴弹可将放射性散布到大片面积上。${}^{60}Co$的放射性可构成数年、数十年的危害。军事

上有用的放射性武器是要构成局部、短时间的强污染，可见钽、锌更适于军事应用。

4.5　核爆激励 X 射线激光武器

核爆激励 X 射线激光武器利用核爆炸产生的 X 射线激励 X 射线激光，并定向射出，用以摧毁来袭的导弹。

4.5.1　X 射线激光器原理

物体发光是原子能态跃迁形成的，设想只有两个允许能态 E_1 与 E_2 的原子，假定 $E_2 > E_1$，那么原子从高能态跃迁到低能态，发射能量为 $E = E_2 - E_1$，频率为

$$\nu = \frac{E_2 - E_1}{h} \tag{4-1}$$

的光子，h 为普朗克常数。反之处于低能态的原子，吸收能量 $h\nu = E_2 - E_1$ 的光子，就可从低能态跃迁到高能态。

1917 年爱因斯坦指出，光的发射有两种途径：① 原子自动从高能态跃迁到低能态而发射光子，称为自发发射；② 在一个能量等于原子两个能级差的光子的作用下，诱使该原子从高能态跃迁到低能态而发射第二个光子，称为受激发射。激光器就是根据受激发射原理制成的。

当 $h\nu = E_2 - E_1$ 的光子趋近原子时是被吸收，还是发生受激发射，要看系统原子处于何种状态。如果有很多原子，就要看处于高能态原子与低能态原子的相对数目。若高能态原子较多，受激发射占优势；若低能态原子较多，吸收多于受激发射。受激发射占优势时光被放大，介质叫增益介质，增益的大小取决于单位体积中高能态原子数与低能态原子数的差。在热平衡条件下，单位体积中高、低能态粒子数 N_1、N_2 服从玻耳兹曼分布：

$$\frac{N_2}{N_1} = \exp\left(-\frac{E_2 - E_1}{kT}\right) \tag{4-2}$$

在室温 $kT \approx 0.025$ eV 的情况下，对可见光 $h\nu = E_2 - E_1 = 1$ eV，有

$$\frac{N_2}{N_1} \approx e^{-40} \approx 10^{-17}$$

可见在室温下,原子大多处于基态,处于激发态下的原子极少。要想受激发射占优势,就要求 $N_2 > N_1$,这叫粒子数反转。

受激发射产生的光子与原来光子的状态完全相同(包括能量、传播方向和相位)。因而受激发射与自发发射不一样,它有很好的空间相干性、单色性,方向性好,光束可以做得很细,亮度高。

4.5.2 X射线激光器的组成

它由三部分组成:① 工作物质(如 CO_2、铷玻璃、半导体等);② 光泵浦,如氙灯,其作用是把工作物质中的原子从低能态抽运到高能态,造成粒子数反转,实现光的受激发射放大;③ 共振腔,在工作物质两端加反射镜,使频率和方向分布变窄,将弱光放大、强化。

产生X射线激光的原理与可见光激光一样,X射线比可见光波长短、频率高、光子能量高,由此引起了产生X射线激光的特殊困难如下:

(1) 未电离的冷物质对短波光子的光电吸收很大,即对X射线是强吸收介质,透明度不高。但电子完全剥离的热等离子体,对X射线透明度较好,常把X射线激光器设计为等离子体型激光器。

(2) X射线激光对光泵浦的功率和功率密度要求很高。X射线激光波长短,被光泵浦抽运到高能态的原子是不稳定的,它会通过自发跃迁到低能态。自发辐射跃迁速率 A_{21} 与波长的平方成反比:

$$A_{21} = \frac{10^{13}}{\lambda^2}(\mathrm{s}^{-1}) \tag{4-3}$$

式中,λ 为X射线的波长,单位为纳米(10^{-9} m)。X射线的波长 λ 要比可见光小3个数量级,所以自发辐射跃迁速率 A_{21} 要比可见光高6个数量级,因此要把原子维持在高能态就要求光泵浦的功率很高。按照R. C. 埃尔顿的粗略估计,得

$$泵浦功率密度 \approx \frac{2\times10^{15}}{\lambda^4}(\mathrm{W/cm^2}) \tag{4-4}$$

式中,λ 以纳米(10^{-9} m)为单位。可见产生波长为1 nm的X射线激光要求光泵浦的功率密度高达 10^{15} W/cm^2,实验室中的高功率激光器是难以实现的,核爆炸可以作为这样的浦功源。设想10万吨TNT的核爆,持续时间 $\Delta t \sim 0.01\ \mu$s(10 ns),在距离10 cm处,功率密度达 3×10^{19} W/cm^2,在1 m远处也

有 10^{17} W/cm^2。

4.5.3　粒子数反转机制

粒子数反转机制是X射线激光器的关键，有三种比较重要的机制。

1）光电离

通过光过程使原子的内壳层电子电离。例如，用核爆X射线使K壳层上的电子电离，形成K、L、M壳层反转。在光子与原子相互作用过程中，光子将其全部能量交给一个轨道(如K层)电子，使其从原子中跑出。原子的最低能态叫基态，相应的为K壳层，其上的能态分别对应L，M，…壳层。K层电子束缚最紧被打出，保留L，M，…壳层上的电子。

2）复合机制

用核爆X射线照射工作物质，形成高温，使原子中的电子全部电离。工作物质温度降低后，电子复合总是先填满高能级，以此造成粒子数反转。

3）线共振激发机制

选择两种能量匹配的介质，利用核爆X射线照射第一种物质，产生接近单能的光子，再利用单能的光子去抽运第二种介质的原子，形成粒子数反转。

4.5.4　核爆激励X射线激光器的组成

该系统由四个部分组成：

(1) 泵浦源。泵浦源是特殊设计的氢弹。

(2) 激光棒。激光棒用以将核爆产生的向各个方向发射的、非相干的、连续谱的X射线转换成方向性好、相干的、单能的、高亮度的X射线激光。

(3) 聚焦系统[8-9]。作为武器，如果要求X射线激光在 $R=1\,600$ km处的光斑直径 D 不大于1.5 m，则激光发射角应为 5×10^{-7} rad。激光器的工作介质应是细长的圆柱棒。如果激光波长 $\lambda=1.4$ nm，棒长 $l=2$ m，可得激光发射角 $\Delta\theta_{\min}=2.92\times10^{-5}$ rad。发射角比实际要求约大2个数量级，须用等离子体透镜解决激光聚焦系统问题。

(4) 跟踪瞄准系统。该系统的作用是用一个核爆驱动多个激光组件分别瞄准多个不同的目标。

4.5.5　X射线激光武器的作战使用

1983年3月，里根总统在“星球大战”演说中宣称，美国计划建立一个防御体系,以防御洲际弹道导弹攻击。设想用核爆驱动X射线激光器组装成小型的武器,部署在太空平台或潜艇或机动的地基发射台上,用以摧毁敌方的助推段导弹[10]。设想在作为泵浦源的核装置周围放置排列成圆柱壳状的数十个激光棒,圆柱壳半径为1 m,长为2 m,每根棒的激光输出端直径约为0.1 mm,工作时的聚焦透镜呈等离子体状态。跟踪瞄准系统使不同的激光棒组件瞄准不同的目标,对准了目标后引爆核装置,核爆X射线激光激励激光棒粒子数反转,发射出数十束激光,聚焦后的激光通过空间摧毁各自的目标。

这种研究中的核爆X射线激光器的优点是作用距离大、体积小、隐蔽机动、生存能力强,可作为防御武器同时摧毁多个导弹,也可作为突防武器用于破坏敌方天基防御监视系统。但由于科学技术上的可行性尚未解决,国际形势的发展对这种武器需求的吸引力也在减小。

4.6 核爆激励γ射线激光器与高功率微波武器

1)核爆激励γ射线激光器

γ射线比X射线波长更短,贯穿能力更强,对原子和分子的电离本领更高,可以与内壳层电子和原子核发生作用。如果γ射线激光器可研制成功,就可以提供定向的、单色的、高能量密度的相干γ射线源。

γ射线激光器与X射线激光器基本物理原理是一样的。X射线激光是由原子状态跃迁产生的,而γ射线激光是由原子核能级跃迁产生的。γ射线的能量可达10 keV～数十兆电子伏特。产生γ射线激光存在很多困难,尚须对核激发的能态结构和寿命等作更深入的基础研究和物理可行性的概念研究。

2)核爆激励高功率微波武器

核爆激励高功率微波武器又称为电磁脉冲武器。一般的核爆炸也可产生电磁脉冲,而专门设计的电磁脉冲武器要求产生更高功率的电磁脉冲。

氢弹产生电磁脉冲的机制如下:

(1)核爆产生的瞬发γ射线与周围介质相互作用产生康普顿电子,康普顿电子运动造成电荷、电流分布形成电磁场。

(2)高空核爆的爆点四周形成膨胀的等离子体火球,火球排斥地球磁场产生位移电磁场。

(3)核爆产生的X射线与周围介质作用,产生的光电子电流形成电磁场。

由上述产生磁场脉冲的机制可见,制造高功率微波武器,需产生超高强度

的 γ 辐射，且 γ 辐射转换成的电磁脉冲频率要高，能定向发射。做到这些很难，需要特殊设计的核武器，目前也只是做些基础研究和物理可行性的概念研究。

参考文献

[1] 钱绍钧. 中国军事百科全书学科分册・军用核技术[M]. 2 版. 北京：中国大百科全书出版社，2007：63.

[2] 托马斯・B. 科克伦，威廉・M. 阿金，米尔顿・M. 霍尼格. 核武器手册[M]. 柯情山，等，译. 北京：解放军出版社，1985.

[3] Hansen C. The swords of armageddon — U. S. nuclear weapons development since 1945[G/OL]. www. bing 1995.

[4] 科恩 S T. 中子弹[M]. 曹贞敏，译. 北京：原子能出版社，1983.

[5] 钱绍钧. 中国军事百科全书(第二版)学科分册・军用核技术[M]. 北京：中国大百科全书出版社，2007：66.

[6] Hansen C. U. S. nuclear weapon: the secret history[M]. New York: A Division of Crown Publishers, Inc. , 1988.

[7] Sublette C. Nuclear weapons frequently asked questions[OL]. https://nuclearweaponarchive.org/Nwfaq/Nfaq0. html.

[8] Elton R C. X-ray lasers[M]. Boston: Academic Press Inc. ,1990.

[9] Walbridge E. Angle constraint for nuclear — pumped X-ray laser weapons[J]. Nature, 1984, 310(19): 180.

[10] Ritson D M. A weapon for the twenty-first century[J]. Nature, 1987, 328(6): 487.

第 5 章　核武器的研究设计与核爆诊断

核武器技术是一门多学科、综合性的科学技术。核武器持续发展的驱动力是军事需求,其科学技术基础是物理研究。核武器每一次新原理突破,每一次技术重大进展,都经历了长时间的研究工作,主要是研究核武器各个发展阶段的物理过程、特性和变化规律。

5.1　核武器研究概述

在核武器出现的半个多世纪里,其技术不断发展,综合性能和战术技术性能不断提高。核武器研究发展过程大致如下所述。

新思想、新概念和新原理得到物理、工程可行性论证之后,首先需进行计算机数值模拟计算加以可行性论证,进而设计最佳材料组合构型,形成原理性试验核装置的物理设计方案,提出并实施实验室或爆轰场地的局部性分解实验,而后再交付工程设计、总体设计,加工制造出核爆试验装置。根据检验新思想、新概念、新原理的要求和对核爆规律的分析,提出测试项目,进行核爆炸试验,以检验新原理、新概念。

在武器原理发展的里程中,往往要经历多次重大的设计原理突破。如原子弹原理突破、氢弹原理突破、小型化原理突破、特殊性能核武器原理突破等。

武器新原理突破之后,根据国家或军队对核战斗部威力、尺寸、重量与重心和与运载工具相结合的要求,需要进行特殊型号的定型产品的鉴定性核试验,此外还有为研究核武器毁伤效应的试验,为提高核试验诊断技术的试验,以及研究核爆炸和平利用的试验等不同目的的试验和测试内容。

经过大量实验室实验与核爆炸试验的多方考察和检验过的程序,具有了一定的客观性。用经过考查的、描述多种因素的程序做大规模的科学计算,使核武器物理学家有可能更为细致地了解核爆炸的全过程,掌握各反应阶段的变化规律,对新设计思想快速做出评估,从而可大大减少试验次数。

计算机的发展使得核爆全过程的数值模拟成为可能,为核武器研究提供了除理论与实验以外的第三种手段。理论研究、数值模拟和实验室实验与核爆炸试验密切结合,是核武器研究的重要方法。核武器研制流程如图 5-1 所示。

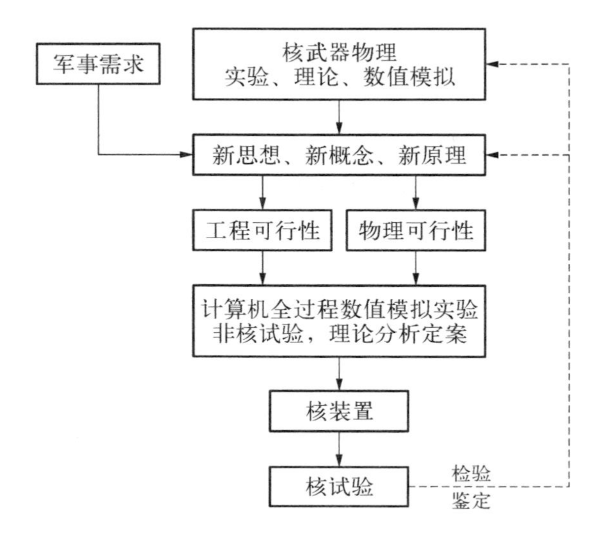

图 5-1 核武器研制流程

5.2 核武器的物理研究

核武器的物理研究主要内容包括探索核武器的原理,研究核武器所用的材料特性和构型;研制核武器物理设计所用的参数,研究科学的计算方法;对核武器进行大规模的科学计算,掌握核爆过程的现象和规律;发展和研制实验装置和诊断手段等。核武器物理是一门综合性的应用科学。

5.2.1 爆轰物理、动态高压物理、内爆动力学

无论是原子弹还是氢弹的初级都涉及化学炸药爆轰的物理问题[1]。炸药爆轰是核武器的第一级放能过程起点,为此须掌握化学炸药的性能(安全性、稳定性)及爆轰的物理过程;选取原子弹或氢弹初级的材料和构型,研究提高内爆聚心压缩的效率和提高爆炸能量利用率的方法。在内爆聚心压缩过程

中，武器内材料的压力、温度、密度变化范围很大。有关材料所涉及的状态方程（描述物质压力、温度、密度之间关系的方程）中压力从负压到数千万兆帕，温度从数百度至数千万度，压缩比从小于 1 到数十。要根据热力学、统计物理规律，研究材料的物态方程。在爆轰过程中，各物质层形状和状态变化的动高压物理过程对中子点火、中子增殖、核爆装置的动作影响极大，需应用先进的光学和电子学诊断技术，闪光 X 射线照相技术，精密测量高速运动物体瞬间形状、界面位置以及被压缩物质的密度分布；研究材料的层裂、断裂和喷射行为，研究物体流体动力学界面不稳定性。在这些核反应开始前，系统各物质层动态高压的物理、力学过程是原子弹或氢弹初级理论设计中所要研究的重要内容。

5.2.2　高温、高密度等离子体物理、辐射流体力学

在核爆过程中，在极端温度和压力环境下，物质处于高温、高密度等离子体状态，因此物质在高温、高密度等离子体状态下的物理过程是核武器能量释放过程的另一重要研究内容。

核反应产生的能量开始为离子和中子所占有，而后通过相互作用传输到电子和光子。核武器物理要研究这一变化过程，研究物质在高温带辐射情况下各种相互作用的现象和规律，流体力学的各种不稳定性及致稳因素。高精度的辐射流体力学科学计算是核武器物理设计的重要内容。

20 世纪 60 年代，科学家想到利用激光所具有的高功率密度特性，使聚变燃料达到高温、高密度，发生聚变反应，以模拟氢弹中发生的聚变过程。基本原理如下：利用高功率密度的激光束产生高温均匀的辐射场，辐射场中放置直径为毫米量级的、含氘氚气体的靶丸；靶丸的外壳吸收辐射能后，形成一高温烧蚀区，被烧蚀的物质在向外喷射的同时，向内产生一个反冲力，在靶内形成聚心的高压冲击波，压力可达 10^{12} Pa 量级；靶丸被压缩到高密度，芯部温度达 10^{8} K 以上，氘氚原子核发生聚变反应；靶丸依靠自身的惯性可维持一段时间而不立即飞散，热核反应就在这段时间里发生，所以称为惯性约束聚变；这个过程很像一次微型的氢弹爆炸，但空间尺度要小得多，释放能量要少得多。

激光聚变模拟核爆的优点是聚变核爆可以在实验室内重复进行。借助激光惯性约束聚变可研究高温高密度等离子体物理、辐射输运、辐射流体力学、内爆动力学、热核反应动力学等。通过核爆模拟研究，可校验计算程序，为氢弹设计提供有效的支撑。

5.2.3 核物理、粒子输运研究

核物理、粒子输运过程是研究核武器能量释放强度和核试验诊断的基础，其研究的内容为：① 在核试验、核理论与核数据编评的基础上，制作核武器理论设计所需要的核数据系统与粒子输运计算用的参数；② 设计积分实验、建立积分实验装置，用以检验微观核数据的精确度、输运计算的正确性和精度；③ 研究中子、光子和带电粒子与物质相互作用的规律及在物质输运过程、核能释放过程，进行核装置的物理设计。

5.3 大规模科学计算

大规模科学计算是指通过计算机数值模拟高效处理大量复杂数据，是核武器研究的重要手段。

5.3.1 核爆全过程的数值模拟

核武器的探索研究涉及爆轰物理、动态高压物理、内爆动力学，高温、高密度等离子体物理，辐射流体力学、核物理、粒子输运物理等一系列大量的、复杂的数值计算问题，需求解多个联立的非线性偏微分方程和常微分方程组。为了适应各种新型核武器设计需要，人们提出了越来越精巧的核武器设计思想。这些都需要用精细数值模拟，真实地反映核武器爆炸全过程，尽量做到“全物理”“全系统”的数值模拟计算。特别是全面禁止核试验后，为长期确保核武库的安全、可靠和有效，计算机上的数值模拟有着特殊的重要性，对数值模拟能力和计算机性能提出了更高的要求[2]。

计算机可以对核爆的全过程做细致的数值模拟。通过数值模拟，可以了解核爆不同阶段的物理状态，了解在毫微秒量级时间间隔内发生的物理过程和物理现象。而在核爆炸的极端条件下要测量发生在这样短促时间间隔内的过程是困难的，有的是不可能的。计算机上的数值模拟提高了核武器科学家的认识能力，提高了核武器的物理设计水平。

5.3.2 数值模拟提高核武器研究效率

计算机上的数值模拟使核武器专家在较短时间内对不同结构层次、不同材料配置、不同设计参数以及对核武器性能影响进行广泛的计算研究和

考察，从而对核武器的构型进行选择和优化，对新的设计思想的可行性迅速做出判断。这大大提高了核武器的研究设计效率，减少了核试验次数，节省了经费。

5.3.3　数值模拟是维护核武器库存安全性、可靠性的必要手段

各个核武器国家[①]的核武器的数值模拟软件都经过数十次到数百次核爆试验或实验室实验的反复检验、考察，使数值模拟计算结果具有一定的可靠性。可用数值模拟计算对一些设计上的变化做出可靠的预言。特别在禁核试后，核武器经过长时间库存，不可避免地会发生物理或化学上的变化，影响核武器的战术技术性能，影响核武器的安全性、可靠性。因此，迫切需要提高计算机的多维计算能力和计算精度，对核武器的安全性、可靠性做出判断。

美国核武器设计几个关键性进展都依赖计算机的进步。从美国洛斯·阿拉莫斯研究所计算机性能提高的历程也可见一斑（见图5－2、表5－1）。美国能源部于1996年9月提出了“加速战略计算倡议”（ASCI）（见第9章），ASCI带动了美国核武器实验室大型计算机的性能和数值模拟能力发展。

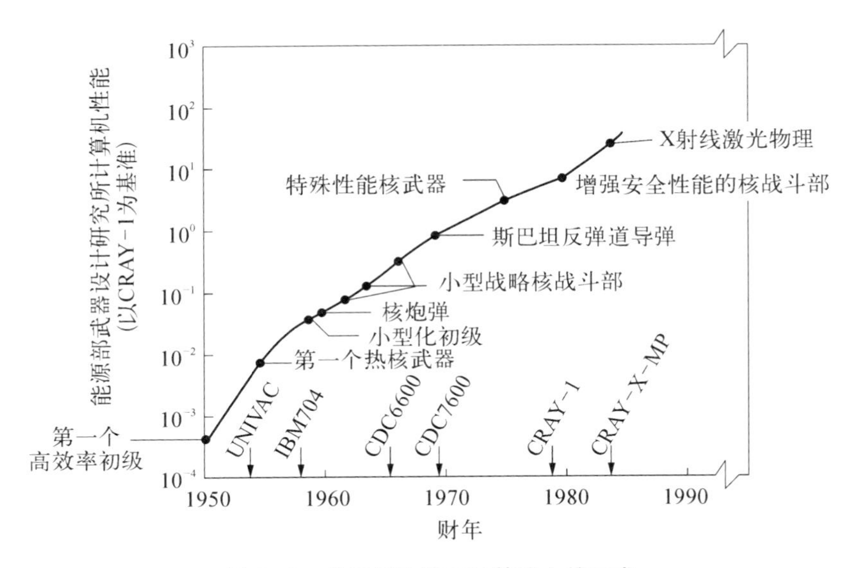

图5－2　核武器设计对计算能力的要求

① 根据《不扩散核武器条约》定义，“核武器国家”是指1967年1月1日之前已经制造和爆炸核武器或其他核爆炸装置的国家。符合该条约定义的核武器国家有美国、苏联（俄罗斯）、英国、法国和中国。

表 5-1 美国洛斯阿拉莫斯国家实验室计算机能力增长

型　号	开始使用年份	相对性能(以 CARY-1 为 1)	运 算 速 度
MANIAC I	1952	3×10^{-4}	—
IBM701	1953	3×10^{-4}	1.2 万次/秒
IBM704	1956	5×10^{-4}	2 万次/秒
IBM7030(STRETCH)	1961	1.6×10^{-2}	60 万次/秒
CDC6600	1966	5×10^{-2}	200 万次/秒
CDC7600	1971	2.25×10^{-1}	1 000 万次/秒
CRAY-1	1976	1	8 000 万次/秒
CRAY-X-MP/2	1983	3	2.35 亿次/秒
CRAY-Y-MP	1988	35	27 亿次/秒
CM-5	1992	1 000 以上	1 300 亿次/秒
Blue Mountain	1998		3.072 万亿次/秒
ASCI Q	2003		20 万亿次/秒
Cielo	2011		1.374 千万亿次/秒
Trinity	2016		3 亿～5 亿亿次/秒

5.4 核爆诊断

由于核爆炸中所发生的现象和规律的复杂性,核武器设计尚不能从物理学的第一原理出发列出一整套数学方程;有的问题虽然可以列出方程,但因过于复杂而难以在计算机上求解。目前最先进的计算机上最复杂的软件也只是对客观实际的逼近。例如,对核爆炸中中子行为的描述,要考虑中子数随位置、时间、速度、运动方向的变化。目前核武器的设计程序只能把空间、角度、能量离散化为几个组进行计算。

数值模拟完全代替核试验是不可能的,最后需用核爆诊断手段[3]对新的设计做出判断,同时对核武器的作战使用效果、核爆杀伤破坏效应给出试验数据。

通过试验获取数据的测量手段有两种:物理测量和放射化学测量。在核试验转入地下以后,最重要的诊断手段是近区物理测试和放化测量。

参考文献

[1] 钱绍钧.军用核技术[M].北京:中国大百科全书出版社,2007:176.

[2] U.S. Department of Energy. The need for super-computers in nuclear weapons design[R]. Washington: DOE, 1986.

[3] 钱绍钧.军用核技术[M].北京:中国大百科全书出版社,2007:152.

第6章 核试验

核试验是在预定条件下进行的核爆炸装置或核武器爆炸试验活动，是一项多学科协同、跨部门协作的大规模科学试验。核试验一方面是为了研究、改进核武器，另一方面是为了研究核爆炸产生的破坏效应。核试验不仅方式多样，而且有各种诊断与测量手段。可以说，核试验是验证和发展核武器的最直接手段，也是研究核武器使用和防护的最有效手段。

6.1 核试验的目的

核试验的主要目的如下。

(1) 研究核武器原理。通过核试验测量和诊断核爆炸各个物理过程的参数和规律；研究核武器原理或验证核爆装置的理论计算和结构设计；测定威力和有关性能，为改进核武器设计或核武器的定型提供依据。

(2) 研究核装置爆炸效应。通过核试验，研究各种毁伤因素及其变化规律，为使用核武器和防护核爆炸危害提供依据。

(3) 核武器安全性试验。为检验核武器的安全性，防止核武器事故，各核武器国家都设计了一系列核武器的安全措施。如"一点安全"设计，是指在炸药任一点引发爆轰，产生核爆能量在4磅(磅的符号为lb，1 lb＝0.453 6kg) TNT当量以上的概率极低。采用钝感炸药、耐火弹芯的防火措施，是保证核武器安全的新设计，其根本目的在于改进核武器系统的整体安全性和可靠性，为保障核武器战术性能提供依据。

(4) 改进核爆炸的探测技术试验。通过核试验，研究和改进核爆炸的探测技术，提高诊断和识别核爆炸的能力，为核爆炸的侦查和军备控制的核查提供依据。

(5) 和平利用核爆炸试验。通过核试验，研究利用核爆炸刺激石油、天然气生产;以核爆炸作为震源,提高地震探测方法在地质勘探中的效能;研究地质结构,建造地下储存库,储存天然气或放射性废物;开凿运河、人工湖,建造水坝等。

(6) 库存核武器检验试验。库存核武器是指进入国家核武库的核武器。由于核武器经过较长时间的库存后,会发生一系列变化,如核裂变材料表面出现腐蚀,聚变材料中的氚衰变,炸药发生质变,结构材料发生蠕变等,这些都会影响核武器的可靠性和某些战术性能。在核武器研制过程中,已预想到储存期变质的影响及各种可能的环境条件影响,可以认为,库存的核武器是有相当可靠度的,但仍需进行连续的库存监测、检查部件的质量,仍有必要抽取一定数量的武器进行核爆试验,以评价库存核武器的性能,检验核武器整体的可靠性。

6.2 核试验的方式

核试验方式大致可分为四个类型:大气层核试验、地下核试验、高空核试验、水下核试验。

6.2.1 大气层核试验

大气层核试验是指爆炸高度在海拔 30 km 以下的空中核试验和地面核试验。试验测量核爆炸的发展过程,分析爆炸产物,测定爆炸威力,以确定核装置的性能。大气层核试验便于实施,又可及时回收核爆产物的样品及记录仪器,以便对冲击波、光辐射、核辐射、核电磁脉冲、放射性沉降和各种毁伤效应进行研究,为核爆炸防护和核武器使用提供数据。

在大气层进行高威力的核试验时,为降低地面污染,应选择较高的爆炸高度。当比高大于 $150\ \text{m}/(\text{ktTNT})^{\frac{1}{3}}$ 时,爆炸气浪掀起的地面尘土将不会与烟云相接,可大大减少近区放射性污染,也有利于回收效应物进行研究。

大气层试验受气象条件限制较多,会造成不同程度的放射性污染,要求有保障的试验安全场地和适宜的气象条件。较高的大气层试验由于爆心不易准确固定,且须距爆心较远处布置测点,不利于近距离进行射线物理测量,也不利于核装置性能保密。地面爆炸或塔上爆炸,则可改善物理测量条件,中国第一枚原子弹爆炸试验就是在塔上进行的，核爆炸用塔如图6－1所示[1]。

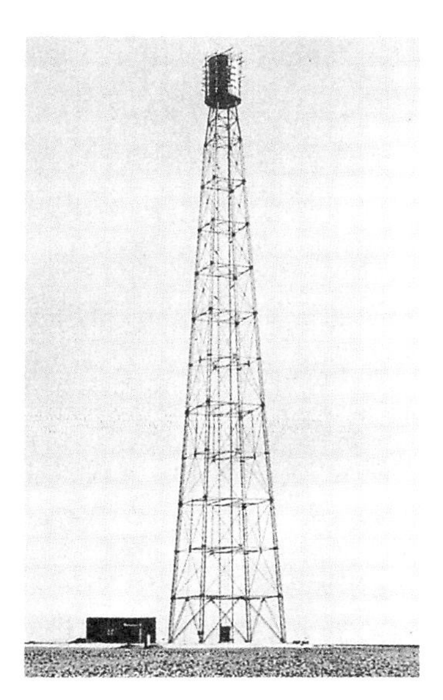

图6－1　中国核爆炸用塔（高102 m）

6.2.2　地下核试验

地下核试验包括竖井方式和平洞方式。竖井方式是将核装置和各种探测器与钢架构成一体，放入竖井底部（见图6－2[2]），按封闭的要求回填后实施核爆。竖井方式对爆炸威力的限制较小，但因井筒空间有限，对某些项目的测量带来一定困难。平洞方式是利用山体，开掘特殊设计的长坑道和若干条支道和爆室，在爆室内放置爆炸装置，在爆室周围和坑道内放置各种探测器（见图6－3），按特殊设计的方案回填堵塞之后实施爆炸。地下核试验通常采用较大的埋深，实施全封闭式爆炸，将核爆产生的放射性几乎全封闭在地下，避免地面沾染。

图6－2　中国地下核试验吊装装置

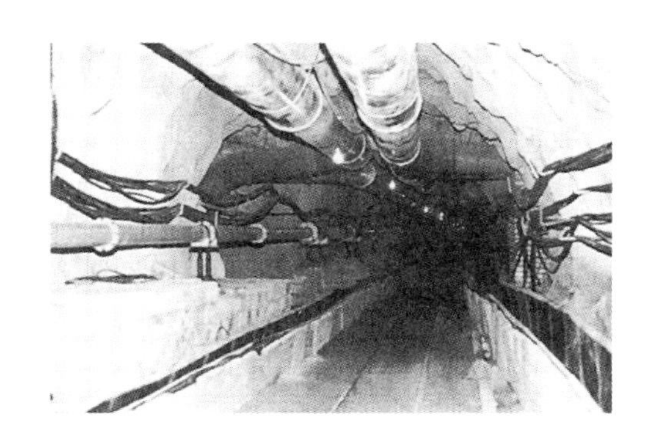

图6－3　平洞地下核试验用的测试廊道

地下核试验便于屏蔽，便于实时和近距离进行物理测量，对诊断核爆的物理过程非常有利。地下试验受气象条件影响小、有利于安全保密，核试验场规模较小、便于组织实施。其缺点是工程量大，周期长，不便于进行核武器杀伤破坏效应试验,对山体的形状和高度有一定的要求,威力较大的核爆试验,很难找到适合的场地,因而不宜做大威力核试验。

在做地下核试验时,为了把试验产物封闭在地下,核装置要求放在一定的埋设深度,它由比例爆炸深度(简称比深)$D = h'/Q^{1/3}$ 决定,Q 为核爆威力;对竖井方式地下核试验,h'为深度;对平洞方式核试验,h'为爆心到山体表面的最短距离(m);D 的单位通常取为 $\mathrm{m/(kt\ TNT)^{1/3}}$。$D$ 值随试验场地介质和威力大小在一定范围内变化,对硬岩介质,威力在万吨 TNT 当量以上,D 值不小于 $120\ \mathrm{m/(kt\ TNT)^{1/3}}$。进行地下核试验除了要求深埋外,还要求坑道或竖井堵塞设计保证安全、封闭。核爆时在有些岩层、土层中会产生有害气体,要避开这类性质的岩层、土层。在爆区附近会产生很强的核辐射和电磁干扰,影响测试取得好的结果,应有周密、有效的屏蔽防护措施。另外,地下不便于进行百万吨级高威力的试验,毁伤性试验也受限制。竖井方式对核爆威力限制较小,但竖井方式空间有限,给多项目试验带来困难。

6.2.3 高空核试验

高空核试验是指在海拔 30 km 以上、近似真空条件下进行的核试验。主要目的是探测高空核爆炸的破坏、杀伤效应。研究利用其产生的 X 射线、早期核辐射摧毁空间飞行器、反弹道导弹、反卫星和干预外层空间作战等的可能性;也可研究地球物理效应和外层空间的核爆探测技术等。

高空核爆的外观景象和毁伤因素与低空爆炸有较大的不同。高空核爆光辐射能量份额随高度增加而逐渐增大。高空的大气对 X 射线、早期核辐射衰减较弱,导致光辐射和早期核辐射成为核爆的主要杀伤因素。爆心在海拔 80 km 以上,X 射线能量占总爆炸能量的 70%~80%。

X 射线、核辐射引起的大气电离会形成电离层,干扰短波通信。大量的 γ 射线与大气散射形成定向电子流,经地磁场偏转会激励出很强的高空核电磁脉冲。

6.2.4 水下核试验

水下核试验[3]是指在水面以下进行一定深度的核爆炸。威力较小的浅水层下爆炸,爆炸时高温、高压气泡急剧膨胀,在水中产生冲击波;气泡膨胀和水蒸气凝结引起气泡中压力下降,把大量的海水抽吸到空中,形成空心水柱(见

图6-4)；随着水柱回落，在水面激起巨浪。核爆炸在水面上空形成放射性烟云，在漂移过程中会出现降雨，雨水将放射性物质带至水面，造成污染。

图6-4　水下核爆炸

水下核爆的毁伤因素除冲击波、光辐射、早期核辐射和电磁脉冲外，还有水中冲击波，水面上的巨浪。冲击波在水中衰减慢，其超压比相同距离、相同威力的空爆超压大得多。

水面水下核爆炸试验主要是研究其对水面水下舰艇、海港设施、大型水利设施和建筑物的毁坏效应及放射性污染等。

6.3　核试验诊断和测量

核试验时根据不同目的，会安排许多测试项目。为改进核武器，需要测量核爆过程的很多参数，主要有监测核爆炸装置的威力，核爆炸的破坏效应，以及能标志核爆炸过程、性能和结果的各种参数和特征量；还可通过测量核爆炸的效应参数，研究核试验的安全措施和探测核爆炸的方法。测试手段有物理诊断、放射化学诊断、效应参数测量等技术手段。

6.3.1　物理诊断

核武器爆炸包括许多复杂的物理过程，为掌握这些物理规律，以便改进核武器的设计，需要对这些物理过程进行细致的测量和诊断，为此在核试验中安排了多种实时的物理测量。

对于原子弹，需要诊断炸药起爆，内爆聚心压缩核材料的过程；测量裂变链式反应开始、增长与衰减的过程，一般通过测量裂变反应产生的 γ 射线强度随时间的变化来诊断链式反应动力学过程。对氢弹及聚变助爆弹，除了诊断内爆聚心压缩、裂变链式反应过程外，还要诊断聚变开始的时间、持续的时间，聚变区压缩后的形状以及达到的温度、密度和聚变反应的强度、总数等参数，一般通过测量聚变产生的快中子波形来判定。在核试验中运用针孔成像原理来获取聚变中子源区的图像，判断聚变区的质量密度。

所有实时的物理测量都是通过核爆产生的射线测量。例如，为诊断核爆过程中核装置内某一区的温度,需进行X射线有关的参数测量。所用的射线探测器可以借鉴实验室用的探测技术,如闪烁探测器、半导体探测器等。但核试验的射线测量与一般的脉冲射线测量有所不同,因为核试验所测量的射线束流强度高,不便使用脉冲计数的方法,而采取记录强电流信号的方法;又因为核爆全过程持续时间很短,放出射线的时间为微秒量级,某些过程只有几纳秒,所以所有的探测系统都应具有快速响应能力。实时物理测量所用的是特殊的快速响应核探测和核电子学技术,如闪烁探测器的组件应选用响应快的有机闪烁体与快速光电倍增管或光电管等。为了防止核爆破坏,记录设备通常要放在距爆心数百米之外,探测到的快速信号须进行远距离不失真的传输,这只能通过大量高性能的高频同轴电缆或抗电磁干扰性能好的光纤,将信号远距离传输至记录站(测试钢架,见图6-5[4])。记录设备要用单次记录示波器,多路高速采样记录示波器。

图6-5 竖井核试验测试钢架

核爆射线强度高,测量量程宽,数据处理量大;核爆实时物理测量干扰因素多,干扰强度大,而且是不可重复的一次性测量;测试现场又无人操作,因而这是一种规模大、难度高的测试技术。

6.3.2 放射化学诊断

放射化学诊断是指用放射化学的方法定量分析爆炸前后核材料中主要核素的变化情况,以推断核爆炸装置核反应的综合效果,提供某些重要核素的性能参数,由此算出释放的核能。

放射化学诊断是核试验中十分有效的测试核爆威力的手段[5],其诊断的主要内容和项目如下:通过分析样品中的裂变产物和剩余核材料的成分,推算核爆装置中的^{235}U或^{239}Pu的燃耗和核爆炸释放的能量;通过分析核爆炸前后装置中^{238}U和^{6}LiD的同位素成分变化来测定氢弹次级的燃耗,推算出核爆装置的聚变威力;通过分析裂变反应和聚变反应的气体产物,从另一角度提供裂变燃耗和聚变燃耗的信息;在核装置的特定部位放置活化指示剂,测出中子作用后的活化率可以得出该部位的中子注量。所有这些数据都是检验和改进核武器理论设计的重要依据。

用于核爆产物分析的样品与核装料、岩石及许多其他裂变、聚变产物混杂在一起,而所含待测元素量极少,一般在微克($1\ \mu g = 10^{-6}\ g$)以下,其放射性核素含量更低。获取的样品品质会直接影响放射化学诊断的结果。为了在核爆后取到足够量的样品并做精确的放射化学分析,研究开发了许多特殊的取样技术、样品的分离纯化技术以及严格的定量技术。

地下核试验的爆炸产物与大量熔融的岩石混在一起,聚集在爆炸形成的空腔底部,最后凝结成放射性玻璃体,并与空腔崩塌的碎石混杂和掩埋,须用钻探的方法从原来爆心的下方钻取玻璃体样品。地下核试验的气体产物常用预先埋设的特制的钢丝绳抽取空腔中的气体样品获得。

地面核爆炸的放射性微粒比空中核试验的大得多,浮游在空中的粒子粒度分布在数十微米范围内,其中大颗粒放射性微粒会降落在爆心下风方向不同的距离上,形成地面沉降物,沉降物可在地面上接取。空中核爆的爆炸产物则以微粒的形式飘悬于蘑菇状烟云中,可用无人驾驶飞机或火箭携带取样器在合适的时机穿过烟云收集样品。特殊设计的过滤材料可在高速气流中以很高的过滤效率获取放射性微粒。

获取样品工作是一项要求很高的专门技术,采用放射化学的方法对获取的样品进行元素分离,用高精度、高灵敏度的 α、β、γ 测量设备和同位素质谱分析设备对分离后的样品加以鉴定和测量。

6.3.3　效应参数测量

大气层核试验适合进行核爆炸宏观景象的观察和进行冲击波、光辐射、早期核辐射、放射性沾染、核电磁脉冲以及地运动等杀伤破坏因素的效应参数测量。核爆炸效应研究需要通过获取一系列位置的效应参数,给出这些参数随爆炸威力、爆炸高度与爆心的距离变化的规律[6]。

为研究冲击波力学效应,需在距爆点不同距离测量冲击波的超压、动压、超压到达时间、正压持续时间等参数。为研究辐射毁伤效应,需要测量辐射照度(也称光通量),研究辐射照度随时间的变化、火球亮度发展的规律、核爆炸的特性等。为研究核辐射的效应,需测量 γ 射线的注量、快/热中子的注量。为研究电磁脉冲效应,需测量电磁脉冲峰值场强及波形或频谱分布。在地面核试验中需测量地面放射性沉降的分布。在大气层核试验中通过效应参数,特别是冲击波和光辐射参数的测量可以比较准确地推算爆炸威力等。

参考文献

[1] 中国军事百科全书编审委员会. 中国军事百科全书・军事技术卷 I,II[M]. 北京：军事科学出版社,1997.
[2] 钱绍钧. 军用核技术[M]. 北京：中国大百科全书出版社,2007：146,153.
[3] 栾恩杰. 国防科技名词大词典・核能[M]. 北京：航空工业出版社,兵器工业出版社,原子能出版社,2002：214.
[4] 钱绍钧. 军用核技术[M]. 北京：中国大百科全书出版社,2007：157.
[5] 钱绍钧. 军用核技术[M]. 北京：中国大百科全书出版社,2007：148,158.
[6] Hansen C. U. S. nuclear weapons — the secret history[M]. New York：A Division Of Crown Publishers，Inc. ,1988.

第7章　核爆炸效应

核爆炸效应主要体现在毁伤效应上，即核武器爆炸产生的各种杀伤破坏因素对人员和物体造成的毁伤作用和效果[1]，主要有冲击波、光(热)辐射、核辐射(贯穿辐射)、电磁脉冲、剩余放射性等多种毁伤效应。这些毁伤效应的作用时间既有短期性的，也有长期性的；作用范围既有局部性的，也有全球性的；作用效果既有直接性的，也有间接性的。

7.1　核爆炸效应概述

相对于地面、水面的位置，核爆炸方式可分为空中核爆炸、高空核爆炸、地表核爆炸、地下核爆炸和水下核爆炸。以空中核爆炸为例，其核爆瞬间释放出巨大的能量，会形成一个高温、高压火球：核反应区的温度可达数千万度，压力升高到 10^{15} Pa 以上。火球猛烈地向外膨胀，压缩周围的空气，形成的冲击波以超声速向四周传播。冲击波所产生的力学效应是核爆炸主要的杀伤破坏因素。

核爆炸形成的炽热火球不断地以光和热的形式向外辐射能量，光辐射中可见光和红外光都能使物体燃烧，引起严重的火灾，灼伤人的眼睛和皮肤。

核爆中核反应产生的具有很强贯穿能力的中子流和 γ 射线可以贯穿建筑物，伤害人体，构成核爆早期核辐射的杀伤破坏作用。

火球迅速膨胀上升，在数秒或数十秒后，逐步冷却成灰褐色的烟云，烟云中含大量的高强度放射性物质，随着烟云上升，在爆心投影点地面会掀起尘柱。烟云或尘柱中的长寿命放射性颗粒，在随风飘散的过程中，会逐渐沉降到地面，形成对地面、空气等生态环境的长期放射性污染，这种毁伤作用称为放射性沾染或剩余放射性。

当核爆产生的瞬发 γ 射线、X 射线等与空气相互作用时，散射出非对称的高速运动的电子流可激励大范围的瞬时电磁环境，即随时间变化的电磁场，从而形成很强的电磁脉冲。这种电磁脉冲可在大范围内对各种武器系统的控制和运行以及全球的无线电通信系统构成干扰和破坏。

核爆炸的杀伤、破坏因素和程度不仅与爆炸威力有关,而且因爆炸方式不同,各种效应的比例会有所变化。在大气层核爆的情况下,裂变武器的爆炸能量中,冲击波约占50%,光辐射约占35%,早期核辐射约占5%,长期放射性沾染约占10%,核电磁脉冲仅占0.1%左右。

威力在百万吨以上的大威力空中爆炸,起毁伤作用的主要是光辐射和冲击波,光辐射的作用尤其大,对城市会造成大面积火灾,而剩余核辐射所占的比例很少。威力在万吨以下的低威力空中爆炸,则以早期核辐射的杀伤范围最大,冲击波次之,光辐射最小。

空中爆炸一般只能摧毁较脆弱的目标,地面爆炸才能摧毁坚固的目标,如地下工事、导弹发射井等。触地爆炸形成弹坑,可破坏约两倍于弹坑范围内的地下工事,摧毁爆点附近的地面硬目标。地面爆炸会造成下风方向大范围放射性沾染,无防护的居民会受到严重的伤害。

为了满足特殊需要,核武器可以通过设计来增强或减弱某种杀伤破坏因素,其相应的毁伤因素所占能量份额会有较大的增加或减少。例如,中子弹大幅度增强了贯穿辐射,而显著降低了冲击波的效应。

目标有50%可能遭到预定杀伤破坏程度的地点到爆心投影点的距离,称为杀伤半径。某种因素的杀伤半径取决于核武器的威力、性能、爆炸方式、爆区的环境及防护情况。处于爆炸环境中的目标,通常受到多种杀伤因素的杀伤破坏。目标受到两种以上杀伤因素综合作用引起的杀伤破坏,称为综合杀伤破坏效应。表7-1给出了威力2万吨TNT当量、比高120 $m/(kt\ TNT)^{1/3}$的原子弹爆炸时,地面暴露目标受中度杀伤破坏的主要效应参数值和相应的杀伤半径。

表7-1 地面暴露目标受中度杀伤破坏的主要效应参数值及杀伤半径

目标	杀伤破坏因素	中度杀伤破坏参数值	杀伤破坏半径/km
人员	早期核辐射(吸收剂量)	2~3 Gy	1.3
	光辐射(光冲量)	63~130 J/cm^2	1.5
	冲击波(超压)	29~59 kPa	1.3
	综合杀伤		1.5

（续表）

目标	杀伤破坏因素	中度杀伤破坏参数值	杀伤破坏半径/km
楼房	冲击波（超压）	18 kPa	2.2
装甲车	冲击波（超压）	130 kPa	0.56

7.2　冲击波的传播及效应

本节主要介绍冲击波在大气层、地下、水下的传播及其效应。

7.2.1　冲击波的传播

核爆炸冲击波[2-3]是大气层核爆炸主要的杀伤因素之一。核爆炸形成的高温、高压火球猛烈膨胀时，急剧压缩周围空气，形成压缩空气层（压缩区），压缩区的前界面称为波阵面。波阵面与其前面未扰动空气相比是一个具有很陡的压强、很高的密度和质点速度以及温度变化的突变峰面，它以超声速传播，在传播过程中逐渐衰减为声脉冲，最后消失。距爆心一定距离处的冲击波压强随时间变化的理想波形如图 7－1 所示。在 t_1 时刻冲击波到达某点，该点压强和质点速度都突然升高到极大值。冲击波超过未扰动大气压的这部分压力称为超压 Δp，峰面上的最大超压称为超压峰值 Δp_s；以一定速度运动的空气冲击物体产生的单向压力称为动压 q，峰值为 q_s；单位为 kPa。随着冲击波逐渐扫过该处，超压和质点速度（动压）逐渐降低，在 t_2 时刻，正超压过程结束（正超压持续时间为 τ_+），此时超压 $\Delta p = 0$，超压和质点速度均恢复到未扰动时的大

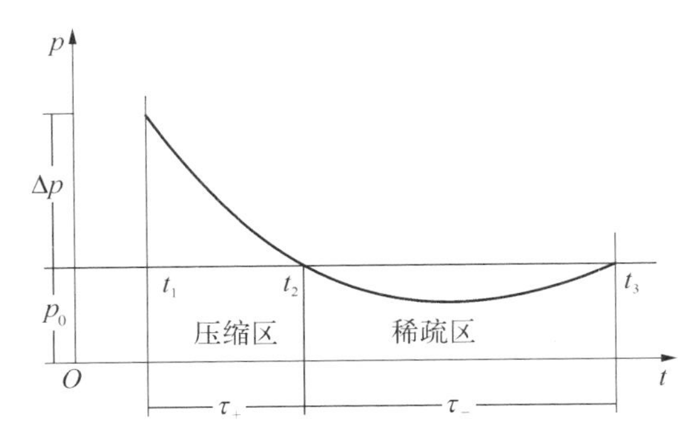

图 7－1　在空间固定点上冲击波压力随时间的变化

气状态。紧接着负压开始,此时波阵面后空气的压强低于未扰动的大气压,两者之差称为负压。负压的最大值为 Δp_-;质点运动的方向与冲击波运动的方向相反。在 t_3 时刻,负压结束(负压持续时间为 τ_-),大气恢复到未扰动时的状态。图 7-1 所示的波形是某一固定点物体受到冲击波作用的全过程。

超压峰值随与爆心的距离增大而减小,不同时刻 t 冲击波压力 p 随与爆心距离而变化,其过程如图 7-2 所示。

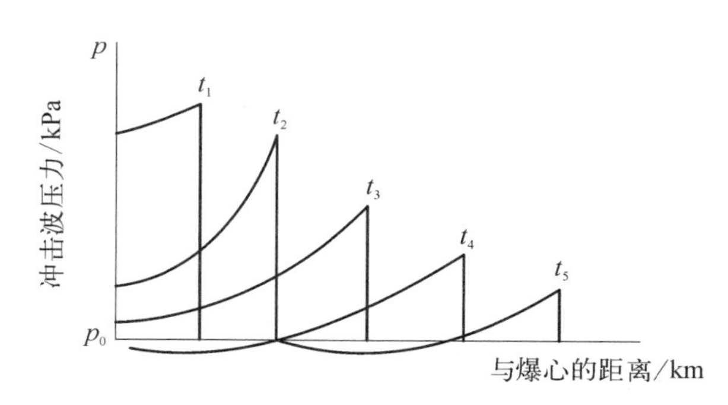

图 7-2 不同时刻冲击波压力随距爆心距离的变化

7.2.2 冲击波的毁伤因素

物体在冲击波的作用下同时承受超压载荷和动压载荷作用。冲击波的毁伤作用主要由同时作用的超压、动压载荷大小和持续时间决定,或用超压冲量 I 来表征,I 定义为 $\int_0^{\tau_+} \Delta p(t)\mathrm{d}t$,即波形中正相区的面积。对不同的物体,两种载荷所起的破坏作用不同:① 对于圆柱形和球形目标(如坦克、烟囱,见图 7-3),起主要破坏作用的是动压载荷;② 对于方形体(如建筑物、车辆等,见图 7-4),起主要破坏作用的是超压载荷。不同物体受到不同程度破坏的冲击波超压值如表 7-2 所示。

对人体的杀伤,超压与动压两者都起作用。超压可引起人的心、肺和听觉器官损伤;动压可以使人体抛出、碰撞而造成死亡。冲击波直接作用于人体引起的损伤称为直接冲击伤。对直接冲击伤,当超压 p 满足 20 kPa $\leqslant p <$ 29 kPa 时可引起轻度伤;当 29 kPa $\leqslant p <$ 59 kPa 时可引起中度伤;当 59 kPa $\leqslant p \leqslant$ 98 kPa 时可造成重度伤;当 $p >$ 98 kPa 时可造成极重度伤。动压造成的杀伤更严重些,动压大于等于 10 kPa 小于 20 kPa 时可造成中度伤;大于等于 20 kPa 小于 39 kPa 可造成重度伤;大于等于 39 kPa 可造成极重度伤[2]。

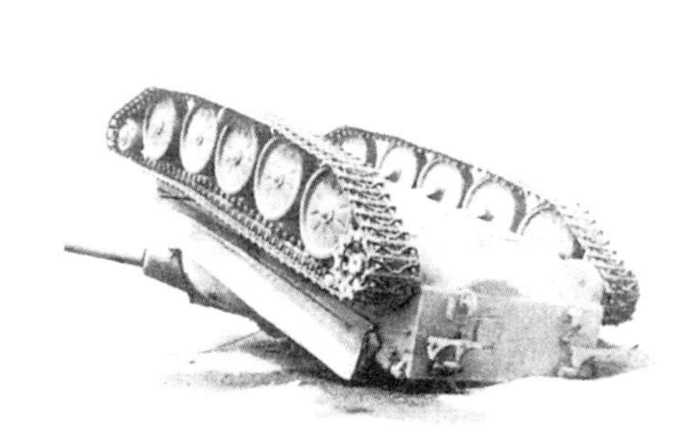

图 7-3　冲击波动压将坦克抛掷翻倒

图 7-4　冲击波超压将房屋压垮

表 7-2　不同物体受到不同程度破坏的冲击波超压值(kPa)

目　　标	严重破坏	中等破坏	轻度破坏
砖砌低层楼房	25～35(2～1.7)	15～25(3～2)	7～15(5.5～3)
砖木混凝土低层楼房	≥40(1.4)	18～40(2.8～1.4)	4～18(7～2.8)
汽　车	100～140(≈0.6)	60～100(≈0.9)	20～42(≈1.6)

注：括号内数值为2万吨TNT当量的破坏半径，单位为km；表中的起止范围中，包含起点，不包含止点。

百万吨级的氢弹爆炸可造成仓库、工事内的武器装备和其他物资的严重破坏。冲击波聚焦区的超压大大超过该距离在正常情况下的冲击波超压，造成的破坏更严重。

大量实测结果表明，不同威力的爆炸遵循如下几何相似律：在同一种介质中两个威力分别为 Q_1、Q_2 的爆炸，在不同距离 R_1、R_2 处超压相同的条件是比例距离相等，即比高 $R_1/Q_1^{1/3}=R_2/Q_2^{1/3}$，实际上是 $Q_1/R_1^3=Q_2/R_2^3$，单位体积能量相等的距离处，超压 Δp_s 是相等的。由此可得超压 $\Delta p=f(Q/R^3)$ 的函数关系式[3-4]。

对于核爆炸，如果满足 $76\ \mathrm{m/(kt)^{1/3}}<R/Q^{1/3}<860\ \mathrm{m/(kt)^{1/3}}$，则有

$$\Delta p_s=8.501\times10^3\left(\frac{Q^{1/3}}{R}\right)+8.813\times10^5\left(\frac{Q^{1/3}}{R}\right)^2+3.23\times10^8\left(\frac{Q^{1/3}}{R}\right)^3$$

式中，Δp_s 的单位为千帕，Q 的单位为千吨TNT当量，R 的单位为米。对爆源置

于地面的爆炸,要考虑地面的影响,式中Q须乘以2,便得到超压随距离的分布。

7.2.3 冲击波毁伤效应的影响因素

冲击波传播时,受到地形、地物、地表性质和大气条件等因素影响。核爆炸时,由于光辐射的作用,地表温度显著升高,地面有机物燃烧,某些矿物质挥发等因素,使得地面上方形成含有大量尘埃的、高温的热空气层。冲击波经过热空气层时,其超压峰值会降低,动压增大,波形的陡峭程度变缓。热空气层的影响主要发生在与爆心地面投影点的距离等于爆高的范围内。冲击波在传播过程中,遇到山丘、凹地等地形和地物时发生绕射,冲击波爬坡时其强度略有增加,下坡时略有减小。对于地物,迎面超压增加,背面和与背后相距一定范围内超压、动压都有所降低。冲击波减弱到超压小于0.1个大气压时,便成为弱冲击波。大气的温度、风向、风速随高度的分布都会影响弱冲击波的传播。

核武器虽能造成严重的杀伤破坏作用,但认识其特点和规律并采取有效的防护措施,可以减轻各种破坏因素对人员和物体造成的杀伤和破坏程度。地下工事及有屏蔽作用的地貌、地物等,都有较好的防护效果。

7.2.4 地下核爆冲击波及地震效应

冲击波在岩石中的衰减规律为$\Delta p \propto (Q^{1/3}/R)^n$,指数$n$与介质的性质有关,其值在2左右。冲击波传到爆心垂直上方地表处反射,反射后的波为拉伸波(稀疏波),拉伸波引起地表剥离破坏和可观察的地表运动。冲击波传出破碎区后,即衰减为地震波,向远方传播。

地下核爆引起的地震以震中的运动最为剧烈,其程度取决于埋深和岩石的性质。例如1.7 kt TNT当量、埋深为274 m的凝灰岩中的爆炸,震中处地表上升达0.3 m,而后岩块塌陷,加速度为5.8g(g为重力加速度)。地震在自由(无边界)介质中传播时,距爆心100～200 m范围内,加速度、速度随距离衰减较快,与距离的2～4次方成反比,随后衰减变慢。不同介质中测量结果也不尽相同,不能给出统一的经验公式。在地表引起的地震加速度和介质的位移在数十公里范围内大体按距离的2次方衰减,振荡周期多数从0.1 s到数秒,越出这个范围,衰减也变慢。地下核爆炸的地震参数(位移、速度、加速度)不仅与爆炸威力、爆炸源附近的岩土性质有关,还与进行参量测量的地震台所在地的地质条件有关,远区的地震参量更是如此。核爆地震会造成地面建筑物破坏。通常取速度值5.08 cm/s为安全阈值,速度小于该值的地区属于地震安全区。花岗岩中的威力为万吨的封闭式爆炸，地面上离爆心投影点 3～ 4 km 以外是安全区。

7.2.5 水下核爆冲击波效应

水下核爆炸能量以辐射加热的方式使附近的水汽化，形成高温高压的水蒸气球。高压气球的膨胀形成向外传播的冲击波，同时在气球内形成向球内传播的稀疏波。稀疏波造成气体过度膨胀，又形成一个向爆心运动、强度渐增的冲击波，它在爆心反射后再向外传播追赶前面的主冲击波。冲击波在向外扩展的过程中不断减弱，最后衰减为声波。高压气球在膨胀过程中，当压力降到水面上的大气压力时，由于水的惯性运动，气球继续膨胀，压力继续下降，直到气球停止膨胀。继而气球开始收缩，压力重新升高，向水中发出幅度不大而持续时间较长的二次压力脉冲，它对附近的舰船等的薄壳结构具有较大的破坏作用。以后，气球不断地做膨缩振荡，能量不断地消耗，同时，在水的浮力作用下，气球逸出水面。当冲击波传播到水面时，反射稀疏波，使水卸载，造成部分水从水面飞出。冲击波传播到海底，发生反射，其强度由海底介质的力学性质决定。冲击波作用在水面舰船等薄壳结构，使其遭受多次载荷而被破坏。冲击波和水面发生相互作用以及气球逸出水面时都会产生表面波。大幅度的表面波可以摧毁水面舰船和港湾建筑。水下核爆炸在水面形成幅度很大且形状陡峭的“基浪”，破坏力极大。

7.3 光辐射特性及毁伤效应

核爆炸时在爆点周围形成高温、高压发光气团，即火球。火球以光和热的形式向外辐射能量，即形成光辐射[4-5]。

7.3.1 核爆火球的发展及变化特征

起爆后的火球开始时是温度很高、大体均匀分布的等温球，它靠辐射对周围空气加热，被加热的空气形成火球的外层，表现为火球快速膨胀，当爆炸生成的冲击波赶上火球阵面时，冲击波阵面就成为火球的阵面，并以冲击波的速度向外扩张，同时挡住火球内核的高温向外辐射。当扩张到冲击波阵面不再发光时，再也挡不住火球的高温辐射，从外面看火球似乎又重新燃烧起来，通常称这个阶段为火球的复燃。随着火球膨胀到极大，不再向外辐射时，火球便在逐渐冷却后熄灭。

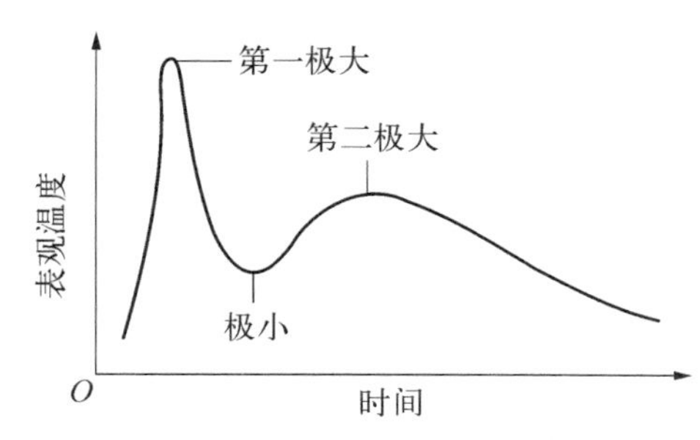

图 7-5　空爆火球表观温度随时间的变化

通常用辐射亮度表征火球的发光强度,它由火球的表观温度决定。空中核爆炸火球的表观温度随时间的变化经历第一个极大、极小和第二个极大两个峰和一个谷,如图 7-5 所示。其极大值和极小值分别称为最大辐亮度和最小辐亮度,光辐射的主要部分来自第二个峰。第二大亮度和最小亮度出现的时间和光脉冲持续时间与爆炸威力密切相关,是研究火球辐射性质及其效应的重要参量,可以用来确认核爆炸的重要特征量。当爆炸高度大于火球最大半径时,火球最大半径和爆炸威力的关系如表 7-3 所示[6]。

表 7-3　火球最大半径和爆炸威力的关系

威力/kt	最小亮度出现时间/s	第二最大亮度出现时间/s	火球最大半径/m	火球发光时间/s
20	1.4×10^{-2}	0.14	218	2.4
200	4.0×10^{-2}	0.39	498	6.4

7.3.2　光辐射的毁伤效应

光辐射的毁伤效应[4]主要是通过目标对光辐射吸收,使表面温度急剧升高而造成的,是核爆炸重要的毁伤效应之一,对人员造成的伤害主要如下:① 皮肤烧伤。人体裸露部位会受到光辐射的直接烧伤,光辐射使衣服、房屋和其他可燃物着火而造成直接烧伤。皮肤受直接伤害的程度取决于光冲量的强度。根据皮肤烧伤程度、面积和部位等各项指标,伤情可分为轻度、中度、重度、极重度四种。② 眼底烧伤。人眼直视火球时,光辐射通过瞳孔进入眼底,在视网膜上成像。当进入瞳孔的光冲量超过 0.42 J/cm^2 时,会发生视网膜烧伤。威力 300 万吨 TNT 当量的空中爆炸,大气能见度为 35 km 时,造成眼底烧伤的范围约 70 km。在夜间爆炸时,人眼瞳孔放大,眼底烧伤和闪光盲范围比白天要大得多。③ 闪光盲。由于核爆火球亮度强烈刺激引起视功能紊乱、辨色能力异常和视力下降等。在同样条件下,闪光盲发生的范围远大于光辐射的其他伤害范围。飞行员受闪光盲伤害后会导致严重的后果。④ 呼吸道烧伤。人吸入高温气流、灼热烟尘或蒸气会造成呼吸道烧伤。

在光辐射的作用下，物体会起火燃烧或熔化。物体被毁坏的程度与光冲量的大小、目标的颜色、光洁度、材料的物理性质有关。火焰在冲击波形成的阵风作用下可迅速蔓延，形成大面积火灾。图 7-6 所示为 300 万吨 TNT 当量的空中核爆在距爆心投影点 22 km 处，飞机受光辐射烧毁的情况。利用各种建筑物、工事、地貌、地物遮蔽物资、装备、人员，可以减轻光辐射的危害。

图 7-6　飞机受光辐射后起火燃烧

7.4　早期核辐射及其效应

早期核辐射[6-7]是指核爆炸最初 20 s 内，释放出的具有强贯穿能力的中子和 γ 射线，主要源于弹体内裂变和聚变反应产生的中子和 γ 射线，裂变产物释放出的缓发中子和缓发 γ 射线，以及中子与弹体结构材料、周围空气作用产生的 γ 射线。早期核辐射通过与周围介质的多次相互作用，可形成具有空间、能量、时间分布的早期核辐射场，其强度随距爆心的距离增加而快速衰减。在一般低威力的裂变弹中，早期的核辐射约占总能量的 5%，在一般的氢弹中约占总能量的 10%，在中子弹中约占总能量的 30%，而且以高能中子为主要杀伤因素，杀伤开阔地面上以及装甲车和简易防护工事内的人员。

表 7-4 给出了比高为 120 米/(千吨 TNT 当量)$^{1/3}$、威力为 2 万吨、100 万吨 TNT 当量的空中核爆时，早期核辐射在空气中的 γ 射线剂量和中子剂量随与爆心之间距离的变化规律。

表 7-4　早期核辐射剂量随与爆心之间距离的变化

千吨 TNT 当量	与爆心投影点的距离/km	γ 射线剂量/Gy	中子剂量/Gy
20	0.6	82	54
	0.8	27	13
	1.0	9.5	3.3

(续表)

千吨 TNT 当量	与爆心投影点的距离/km	γ射线剂量/Gy	中子剂量/Gy
	1.4	1.3	0.23
	2.0	0.1	0.005
1 000	0.4	540	130
	0.6	370	83
	0.8	230	45
	1.0	130	22
	1.4	39	4.3
	2.0	6.2	0.28
	3.0	0.26	0.002

核辐射对人和物体的毁伤作用取决于单位质量物质吸收的辐射能量——吸收剂量,它用1 kg物质吸收1 J的能量(戈瑞,符号为Gy,$1\ Gy=1\ J/kg=1\ m^2\cdot s^{-2}$)来表征辐射毁伤的强度。人受不同的射线、相同的吸收剂量,或相同的射线、相同的吸收剂量照射在不同部位,其损伤程度不同。症状以出现的时间可分为早期效应、远期效应和遗传效应。

小剂量的早期效应主要表现为消化系统、神经系统功能紊乱,血液白细胞数下降;大剂量的早期效应主要表现为急性放射病。当吸收剂量在2～3.5 Gy时可致中度骨髓性放射病;吸收剂量为3.5～5.5 Gy时可致重度放射病;吸收剂量增加到6.5 Gy时,病情可转为肠型、脑型放射病或立即死亡。

7.5 核电磁脉冲及其效应

核爆炸时释放的γ射线与周围介质发生相互作用,产生康普顿电子流。由于周围环境的不对称,散射出的高速电子流也是不对称的,从而激励出随时间变化的脉冲电磁场[8-10]。爆高不同,环境不对称的情况也不同,激励出的核电磁脉冲波形也不同。

7.5.1 电磁脉冲的激励和传播

地面发生核爆时[5],距爆心数千米的源区范围内,电场强度约10^5 V/m,

磁场强度可达 10^4 A/m，脉冲持续时间为 $10^{-3}\sim10^{-1}$ s；在源区外，距爆心 20 km 处电场强度为 $10^2\sim10^3$ V/m，脉冲持续时间为 10^{-4} s，上升前沿约 10^{-6} s，场强随距离成反比衰减，如图 7-7 所示。

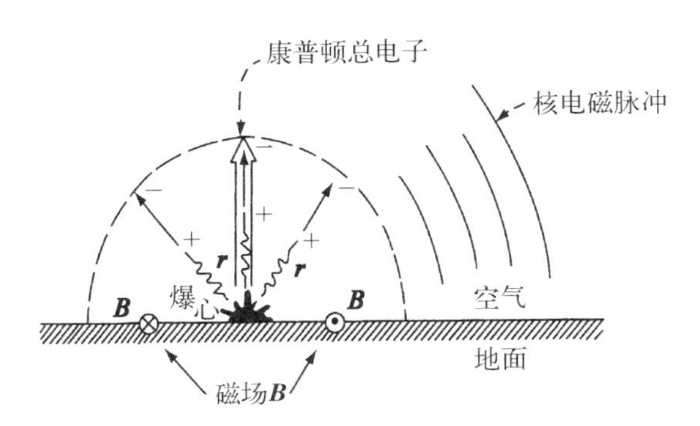

图 7-7　地面核爆炸激励的电磁脉冲

在高空核爆炸时，随爆炸高度增加，源区范围增大，核电磁脉冲覆盖的地域很宽。高空核爆产生的电磁脉冲有三种来源：一是核爆产生的瞬发 γ 射线、X 射线向下传播，如图 7-8 所示。至距地面 20～40 km 的区域，与稀薄的大气作用，产生的康普顿电子在地球磁场中偏转，形成螺旋电流，可在很大的空间内激励出高空核电磁脉冲[6]。高度为 50～100 km 以上的大威力核爆炸，会在离爆心投影点半径为 80～1 100 km 的范围内，由瞬发 γ 射线在地面附近产生$(2\sim5)\times10^4$ V/m 的电场强度，持续时间为 10^{-7} s，这是早期高空核爆电磁

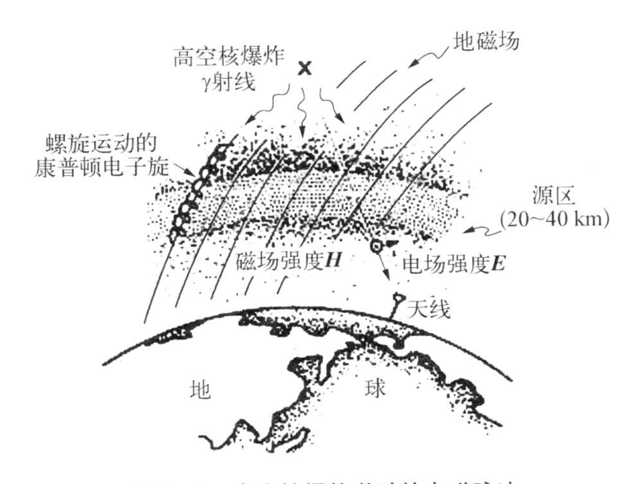

图 7-8　高空核爆炸激励的电磁脉冲

脉冲;二是来源稍后的中子在源区与大气作用产生γ射线,激发起电磁脉冲峰值为 $10 \sim 10^2$ V/m,持续时间为 $10^{-3} \sim 1$ s,这是中期高空核电磁脉冲;三是来源为核爆产生的高温、高压等离子体在地球磁场中高速膨胀时激发出的电磁脉冲,场强为数十毫伏/米,持续时间数百秒,这是晚期高空核电磁脉冲。

在一般情况下,核电磁脉冲不会对人员造成伤害。任何暴露在电磁场中的金属物体,都有可能成为电磁能量的收集器。金属物体在空间遭受核爆炸γ射线、X射线直接照射时,在其腔内会散射出定向的电子流,激励出"内电磁脉冲";与此同时金属体外表面发射光电子,在其表面出现电流,并激励出强的"系统电磁脉冲"。

任何裸露在电磁场中的电子设备、指挥、控制、通信、计算机、情报、监视和侦察等电子系统以及供电系统,核电磁脉冲可通过天线、电力网、电缆网甚至通过孔缝耦合能量,成为电磁能量的收集器,耦合进系统干扰能量或损伤系统。对电子系统来说,核电磁脉冲是无孔不入的,如果不采取必要的防护措施,核电磁脉冲会造成极大的危害。例如 C^4I(指挥、控制、通信、计算机和信息)系统部分工作可能中断,处于地面待发射的导弹系统控制失灵,空中的飞行器储存在电脑中的数据信息被破坏等,这些都是致命的危害。

7.5.2 核爆射线致电离区对通信系统的影响

大气层核爆炸产生的X射线、γ射线、β粒子及裂变碎片等,可直接或间接地引起大气电离,形成附加电离区。爆心附近会形成火球电离区;而烟云顶部的缓发γ射线在电离层D层也会形成附加电离区,如图7-9所示。前者空间范围小,持续时间短;后者空间范围大,持续时间较长。电波信号通过附加

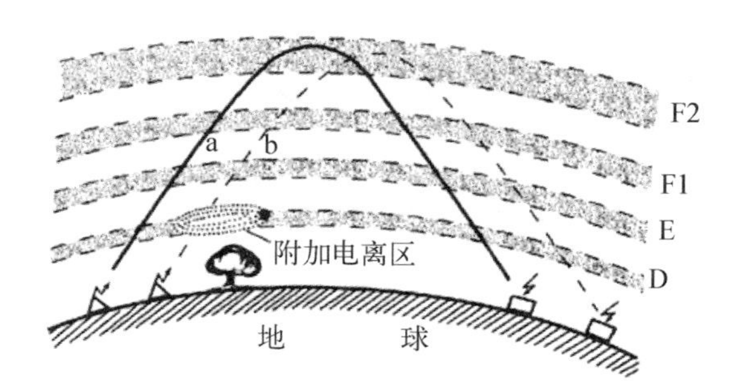

a—电波未通过附加电离区,通信不受影响;b—电波通过附加电离区,使通信中断。

图7-9　核爆形成的附加电离区对短波通信的影响

电离区会被吸收、偏转，不仅信号会减弱甚至完全中断，而且会改变电波自电离层反射点的位置，影响预定点的接收。冲击波会破坏电离层的层状结构，造成电波漫反射。大气层十几万吨 TNT 当量级的核爆，对短波通信无明显的影响，50 万吨 TNT 当量级可使小范围内的短波通信明显减弱，百万吨 TNT 当量级爆炸可使通过附加电离层区的短波通信中断达数小时。

核爆在电离层产生的附加电离对微波通信链路的卫星转发设备有影响。高空核爆的β粒子和其他带电粒子被地磁场捕获形成辐射带后，可能使卫星电子设备因总剂量效应和充放电效应而功能失效，其影响时间可能达数年之久。

7.6　放射性沾染及其效应

大气层核爆炸火球熄灭后形成放射性烟云，是爆心投影点周围和下风广大地区的地表、空气、露天水源等放射性沾染[11-12]的来源。

7.6.1　核爆炸烟云及沉降

核爆后，烟云迅速上升并向四周扩展，与随之从地面升起的尘柱组成“蘑菇云”。威力为 2 万吨 TNT 当量和百万吨 TNT 当量级的空中核爆，其烟云分别约在爆后 8 min 和 5 min 达到稳定，此时烟云的底高约为 7 km 和 12 km，顶高约为 11 km 和 18 km，直径约为 5 km 和 18 km。此后烟云将继续扩散，随风飘移，最后消散。

地面核爆时火球接触地面，大量的地表物质进入火球，并在火球中被熔融或气化。在冷却过程中，它们与烟云中的放射性物质混合成较大颗粒（直径在数十微米以上），烟云初期呈红色或棕红色，后期颜色深暗。烟云上升时的激烈的涡旋运动会引起强烈的抽吸作用，从地面卷起大量尘土而形成粗大的尘柱，一开始便与烟云底部相接，如图 7－10 所示。

在空中爆炸时火球不接触地面，地表物质不卷入火球，烟云中反射性颗粒较小（大多数直径小于数微米）、云呈淡灰色，地柱面升起的尘埃不与或较晚与烟云相接。在威力大的氢弹爆炸中，当空气湿度比较大时，由于冲击波波后的稀疏作用，空气中的水蒸气冷凝成云雾——冷凝云，有时还会出现“圆台阶”形状的冷凝云[8]。成坑地下核爆时，组成火球的高压气体会把大量的泥土、岩石和碎片带到空中；浅水下核爆，水中形成的蒸汽气泡到达水面时，将蒸汽、裂变产物气体和碎片抛掷到大气中。这两种爆炸方式一般都会形成呈辐射状向外

图 7-10　原子弹爆炸烟云

抛射、像倒置圆锥体状的烟云，但其高度与扩展程度远小于同等爆炸威力的大气层核爆炸。

核爆烟云中的放射性物质，包括裂变产物、未裂变的核材料和感生放射性物质，在地面核爆炸时，烟云中放射性物质占总放射性物质的 90%，尘柱中约占 10%；空中核爆炸中全部放射性几乎都集中于烟云中。核爆烟云的外观景象和不同时刻的几何尺寸，取决于爆炸威力、爆炸环境和气象条件。观测核爆烟云也是判定核爆方式、威力、距爆心投影点距离的近区核探测手段之一。

7.6.2　放射性沾染效应

核爆形成的放射性对人员、生物、生态环境都可造成严重的污染和损伤，与其他瞬时杀伤破坏效应相比，它有作用时间长、危害范围广、作用途径多样等特点。放射性微粒在随风飘移中，因重力、大气下沉运动和降水等原因，通常会降落在爆点附近和下风方向的广大地区。微粒中放射性核素的半衰期从几分之一秒至几百万年不等，在衰变过程中放射出 α、β 粒子和 γ 射线。

地面放射性沾染程度通常是指地面以上 1 m 高度处的照射量率。照射量率的单位为 C/(kg · h)。物体的沾染程度通常用该物体单位面积(或重量、体积等)上的放射性物质的放射性强度来表示。

放射性沾染按其沾染范围和程度，可分为爆区沾染和云迹区沾染两类：

(1) 爆区沾染，距爆心或爆心投影点约千米以内的沾染区称为爆区沾染区。爆区沾染主要源于爆心向四周抛掷的放射性物质和早期烟云中落下的放射性颗粒，以爆心附近沾染最严重，且分布不均匀，随与爆心距离增加而衰减。威力 2 万吨和百万吨 TNT 当量核爆炸 1 h 后爆点照射量率分别可达

10 C/(kg·h)和240 C/(kg·h)，上风方向随与爆心距离增加沾染程度急剧下降。空爆爆区的沾染主要源于中子引起的土壤感生放射性物质，沾染程度较轻微，在相同威力的核爆情况下只有地爆沾染的千分之一。

（2）云迹区沾染，爆心沾染区以外的下风沾染称为云迹区沾染。随风飘移的烟云中较大的放射性颗粒因重力、大气下沉运动和降水等原因不断地降落至地面是云迹区沾染的主要途径。照射量率相同的连线称为等照射量线。空爆时它是近似以爆心投影点为圆心的同心圆。以地面核爆云迹区沾染和近地面空气污染最严重，并存在一条向下风向延伸的“热线”，它是云迹区横穿线上最高照射量率的连线，其走向基本上与地面到云底的合成风向一致。威力2万吨TNT当量的核爆炸，地面至约7 km高度的合成风速为25 km/h，爆后12 h的云迹区沾染边界可达50 km，如图7-11所示。空中核爆时放射性颗粒小，云迹区地面放射性沾染程度轻微。烟云中更微小的颗粒会在空气中飘移很长的距离，形成远区或全球范围的放射性沾染。

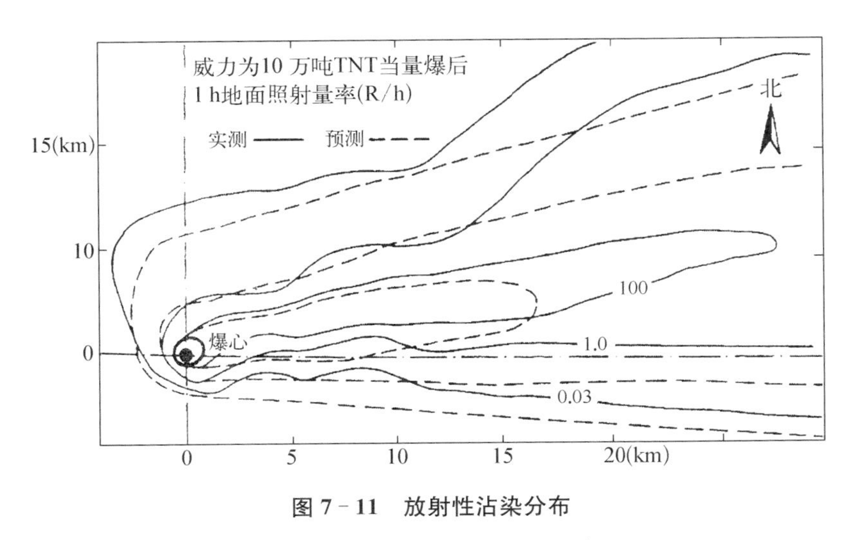

图7-11　放射性沾染分布

风向：西；风速：100 km/h；1 R/h=2.58×10^{-4} C/(kg·h)。

放射性沾染对人体和生物的损伤见7.7节。

7.7　核辐射对生物机体损毁和地球物理效应

本节分别讨论核辐射对生物体的损伤及核爆的地球物理效应。

7.7.1 核辐射对生物体的损伤

生物体吸收核辐射能量后,生物体细胞内分子和原子发生电离和激发,产生大量的自由电子、离子、激发态分子等活性粒子,这些活性粒子相互作用,并使体内高分子物质(如蛋白质、核酸等)的分子键断裂而破坏[13-14];此外还使生物体内水分子电离形成自由基,又进一步与细胞内其他物质相互作用,导致细胞变性甚至死亡,引起物质代谢和能量代谢障碍,使整个机体发生一系列复杂的变化。这种变化过程持续时间从瞬间到数年。

核爆的长期生物效应有两方面:一是放射性沉降的长寿命放射性核素造成的潜在威胁,二是受照射人员的吸收剂量达到一定程度所产生的长期效应和遗传效应。例如,放射性沉降中毒性大、寿命长的核素^{137}Cs 的半衰期为 27 年,通过呼吸、食物进入身体后会均匀分布全身,超过一定的剂量会损坏肝脏;^{90}Sr 半衰期为 28 年,是亲骨性核素,进入身体后沉积于骨髓,可能造成多种疾病;^{239}Pu 半衰期为 2.4 万年,除放射性外还是化学剧毒核素。这些放射性核素诱发疾病的潜伏期很长,对沾染区的生物都将构成威胁。远期效应是人员受核辐射照射后数月、数年,以致终身所发生的病症,主要症状表现如下:

(1) 造血障碍,表现为红细胞、白细胞、血小板和血红蛋白减少,造血细胞受损,导致造血障碍。广岛和长崎的幸存者中,白血病率显著增加。

(2) 眼白内障,表现为眼晶体混浊及视觉障碍。

(3) 其他恶性肿瘤,生育能力下降,生长发育障碍、寿命缩短等。

遗传效应是由于射线对生殖细胞的遗传物质发生作用,引起染色体畸变和基因突变,使细胞的遗传性发生变化,导致后代畸形或功能异常。

核辐射会影响生态环境,造成大范围或全球性放射性污染,通过空气、水或植物链进入人体,沉积于骨髓、留存于肺中,长期危害人的机体。

7.7.2 核爆的地球物理效应

由于核爆炸的冲击波和核辐射的电离效应波及的范围广,大威力核爆炸和数百公里高空的小威力核爆炸都可能在大范围内产生地球物理效应[15]。① 人造极光。辐射生成的电子进入底层大气时,与氧和氮分子碰撞,激发可见光,即人造极光。② 人造辐射带。辐射生成的电子被地磁场捕获后,在地球两磁极间来回运动,形成覆盖全球的带电粒子壳层,使已有的辐射带(van Allen 带)中电子数密度明显增加,将对飞经的卫星构成潜在威胁;同时发出同步辐射和回旋辐射，构成无线电噪声。③ 电离层效应。对于大威力的空爆，烟云中的 γ 射线在电离层中会产生附加电离层，直接影响短波通信。④ 地磁效应。辐射生成的电子运动对地磁场产生扰动。⑤ 次声波。冲击波会衰减为次声波，沿地球表面大气层传播。⑥ 地震。地下核爆可引起地壳运动，诱发强烈地震；空中、地面核爆也可引起较弱的地震和电离层扰动，这些异常现象都可用来侦查核爆炸。

7.8　核冬天

"核冬天"[16]是关于大规模核战争会造成全球性气候恶果的一种假说。其基本观点是：大规模核爆炸所掀起的微尘和高温引发大火，使土壤气化成气溶胶浓烟，向四周扩散，长时间遮挡住阳光，造成全球性气候变化，使地球处于黑暗和严寒之中，动植物濒临灭绝，人类生存面临严重的威胁。

"核冬天"理论意味着核战争不仅使交战双方遭到同样后果，而且会给全世界带来毁灭性的大灾难，威胁别国的核武器同样也威胁着自己。这就涉及核裁军等一系列国际政治问题，对各国的核战略会有一定的影响。

"核冬天"理论提出后，立即受到美、苏等国家的重视，拟定了进一步研究的计划，在意大利举行的两届"关于核战争的国际讨论会"上，对此进行了专题讨论，并达成合作协议，交流有关核战争对人类和环境影响的信息。

科学界对"核冬天"理论也存在分歧，对"核冬天"的严重程度、影响范围、持续时间有不同看法。1986—1988 年，科学家们采用了更合理的参数，减少了简化和近似，计算出温度下降量大大减少。"核冬天"变成"核秋天"。即便如此，全世界的粮食和其他农作物仍会因温度下降而大幅度减产，造成世界范围的饥荒，预期后果仍很严重。

"核冬天"理论是一个复杂的系统工程问题，涉及核爆炸、气象、生物成长、地球环境等一系列因素，而现有的判断是用近似的模型和参数计算得出的初步结果，存在很多局限性、片面性，所以做出最终判断还为时过早。随着研究的深入和计算的精确化，有可能建立更接近真实的模型，得出更令人信服的科学预测。

参考文献

[1] 钱绍钧. 军用核技术[M]. 北京：中国大百科全书出版社，2007：115.

[2] 钱绍钧. 军用核技术[M]. 北京：中国大百科全书出版社，2007：120，121.

[3] Glasstone S, Dolan P J. The effects of nuclear weapons[M]. 3rd ed. Washington D. C.：U. S. Government Printing Office, 1977.

[4] 钱绍钧. 军用核技术[M]. 北京：中国大百科全书出版社，2007：122.

[5] 栾恩杰. 国防科技名词大词典·核能[M]. 北京：航空工业出版社，兵器工业出版社，原子能出版社，2002：180.

[6] 钱绍钧. 军用核技术[M]. 北京：中国大百科全书出版社，2007：125.

[7] 栾恩杰. 国防科技名词大词典·核能[M]. 北京：航空工业出版社，兵器工业出版社，原子能出版社，2002：183.

[8] 钱绍钧. 军用核技术[M]. 北京：中国大百科全书出版社，2007：125.

[9] 栾恩杰. 国防科技名词大词典·核能[M]. 北京：航空工业出版社，兵器工业出版社，原子能出版社，2002：201.

[10] 栾恩杰. 国防科技名词大词典·核能[M]. 北京：航空工业出版社，兵器工业出版社，原子能出版社，2002：196.

[11] 钱绍钧. 军用核技术[M]. 北京：中国大百科全书出版社，2007：128.

[12] 栾恩杰. 国防科技名词大词典·核能[M]. 北京：航空工业出版社，兵器工业出版社，原子能出版社，2002：117.

[13] 钱绍钧. 军用核技术[M]. 北京：中国大百科全书出版社，2007：127-138.

[14] 栾恩杰. 国防科技名词大词典·核能[M]. 北京：航空工业出版社，兵器工业出版社，原子能出版社，2002：178.

[15] 栾恩杰. 国防科技名词大词典·核能[M]. 北京：航空工业出版社，兵器工业出版社，原子能出版社，2002：179.

[16] 钱绍钧. 军用核技术[M]. 北京：中国大百科全书出版社，2007：131.

第 8 章　核武器战术技术性能

核武器的战术技术指标是指核武器的使用方对核武器系统的战术性能和技术性能所提出的具体要求，简称为战标。它表述了核武器的基本特征、性能和作战能力，是研制、试验、定型和验收核武器的依据。核武器除了具有共同的战术技术指标外，还根据其使用目的和环境不同而具有特殊需要的指标。

核武器的战术技术指标主要包括核武器的重量、尺寸、威力、射程、命中精度、突防能力、可靠性、安全性、生存能力、作战准备时间、使用寿命与维修性、爆高可调性等。核武器的各项指标之间存在相互关联，在制定核武器的战术技术性能指标时要综合考虑。

8.1　核武器的威力与比威力

核武器爆炸时释放的能量称为核武器的威力[1]，一般用释放相同能量的梯恩梯(TNT)炸药的质量来标度，称为梯恩梯当量，也可写成 TNT 当量。核武器的 TNT 当量是核武器的重要战术技术指标，通常以吨、千吨、万吨或百万吨 TNT 当量计。

核武器的威力是根据作战需要设置的，要求其与命中精度相匹配。随着导弹命中精度提高，核弹头也随之向中小威力方向发展。

比威力[1]是指核战斗部单位质量释放的威力，通常用“吨 TNT 当量/千克”(t TNT/kg)作为计量单位，是对类型相同、威力大致相当的核武器作比较时，衡量设计水平的指标之一。在核武器发展的初期，核弹头的比威力很低。如美国第一颗枪法原子弹“小男孩”的比威力约为 3.7 t TNT/kg；第一颗内爆法原子弹“胖子”的比威力约为 4.5 t TNT/kg。威力 10 万吨 TNT 当量以上的氢弹，比威力一般在 1 000～3 000 t TNT/kg。例如美国“民兵Ⅱ”导弹弹头 MK-11 的比威力为 1 500 t TNT/kg。

但随着武器小型化、多弹头技术的发展,对威力较大的单弹头与威力较小的多弹头水平进行比较时,用比威力衡量就存在较大的缺陷。小型化使核爆装置核材料装量减少,威力下降,而小型化结构部件减少的质量有限,比威力必然会下降。但小威力的多弹头与总威力相等的单弹头比较,具有更大的杀伤面积和杀伤力。

例如,美国20世纪60年代初研制的“大力神Ⅱ”洲际核弹道导弹的弹头质量为3 700 kg,威力为900万吨TNT当量,其比威力约为2 400 t TNT/kg;70年代研制的“民兵Ⅲ”核弹道导弹可携带3枚W78/MK-12A核弹头,每个弹头质量约为180 kg,威力为33.5万吨TNT当量,其比威力约为1 900 t TNT/kg,低于“大力神Ⅱ”洲际核弹道导弹,但实际上它的设计水平要比“大力神Ⅱ”洲际核弹道导弹的弹头高得多。

核战斗部的小型化会带来威力下降,而威力下降可借助提高命中精度来补偿。命中精度常以圆概率偏差(CEP)作定量的描述,即以理想弹着点为圆心,在弹着点平面上包括50%弹着点散布概率的圆半径值。命中精度主要取决于投掷、发射系统的瞄准精度和运载工具的制导精度。

为了衡量不同威力核弹设计水平,有必要引入与毁伤效果挂钩的“等效百万吨数”和“比等效百万吨数”的概念。

8.2 等效百万吨数与比等效百万吨数

爆炸产生的破坏体积与威力成正比。城市的建筑物都分布在地面上,武器威力所发挥的破坏作用主要是沿着地面的冲击波能量,所以用威力来衡量对面目标的破坏能力是不确切的。考虑到对面目标的破坏能力应与威力的2/3成正比,每个弹头的破坏效果应与威力的2/3次方成正比,故引入了“等效百万吨数”[2]的概念:

$$\text{等效百万吨数}(E_{\mathrm{MT}}) = (\text{威力} / \text{百万吨数})^{2/3}$$

其公式可表示为

$$E_{\mathrm{MT}} = (Y/Y_0)^{2/3} \tag{8-1}$$

式中,Y为以百万吨TNT当量计量的弹头威力,Y_0为1百万吨TNT当量。如威力15百万吨,其等效百万吨数仅为6.08等效百万吨。与此相应的还有“比等效百万吨数”,即等效百万吨数与其质量的比值:

$$\text{比等效百万吨数} = E_{\mathrm{MT}}/W \tag{8-2}$$

式(8-2)作为核弹头设计水平的指标,式中 W 为质量,以千克为单位。用它可以衡量不同威力核弹的设计水平。例如,比较“大力神Ⅱ”洲际核弹道导弹弹头与“民兵Ⅲ”核弹道导弹弹头的设计水平,两者的“比等效百万吨数”分别为 1.17×10^{-3}/kg 和 2.68×10^{-3}/kg,反映出了“民兵Ⅲ”远比“大力神Ⅱ”设计水平高。

100 万吨 TNT 当量核武器的威力是 2 万吨 TNT 当量核武器的 50 倍,但其对面目标的破坏效果只有 2 万吨 TNT 当量核武器的 11 倍。等效百万吨数可以用来更好地衡量核爆炸对城市、交通枢纽等面目标破坏能力的大小,故从核爆炸冲击波对面目标的破坏效果的统计规律来看,威力过高是不必要的。

随着核导弹弹头的机动、突防等功能的增多,弹头中的非核部件的占比会增加,因此在核弹头设计中不应单纯追求“比威力”“比等效百万吨数”指标,要综合考虑各种因素。

8.3　重量、尺寸和小型化

核武器的重量、尺寸和小型化是核武器战术技术指标的重要组成部分,也是衡量核武器水平的重要标志之一。它的重量、尺寸不仅需要与运载系统相匹配,而且需要小型、轻便。在保证作战需求的前提下,只有弹头小型、轻便,才能大幅度减少全弹的起飞重量,实现核武器的机动发射,达到远射程的目的,才有可能留出突防装置和其他控制设备所需的重量和空间,以提高核武器的作战能力。这对洲际导弹尤其重要,因为洲际导弹有效载荷受限制较大,命中精度较低,只有小型、重量轻、高威力才有较高的摧毁目标的概率。因此核武器的重量、尺寸和小型化是核武器战术技术指标追求的最为重要的指标之一。美国核武器小型化演变进程可以参见表 8-1[3] 和图 8-1。

表 8-1　美国核武器小型化演变进程

战斗部/核弹头	生产时间	质量 W/t	直径/cm	威力 Q	比威力/(kt/kg)	E_{MT}/W
MK17 核炸弹	1954.5	18.8～19	156	(15～20) Mt	0.79～1.1	$(3.2\sim3.9)\times10^{-4}$
W53/MK6“大力神Ⅱ”导弹弹头	1962.12	2.95～3.18	92.7	9 Mt	3	1.44×10^{-3}

(续表)

战斗部/核弹头	生产时间	质量 W/t	直径/cm	威力 Q	比威力/(kt/kg)	E_{MT}/W
B61核炸弹	1966.10	0.315～0.325	34	4挡可调最大340 kt	1.1	1.52×10^{-3}
W87/MK21"和平卫士"(MX)导弹弹头	1986.4	0.914	弹头底部直径55.37腰部直径30	标准威力300 kt增至470 kt	2.45	3.144×10^{-3}

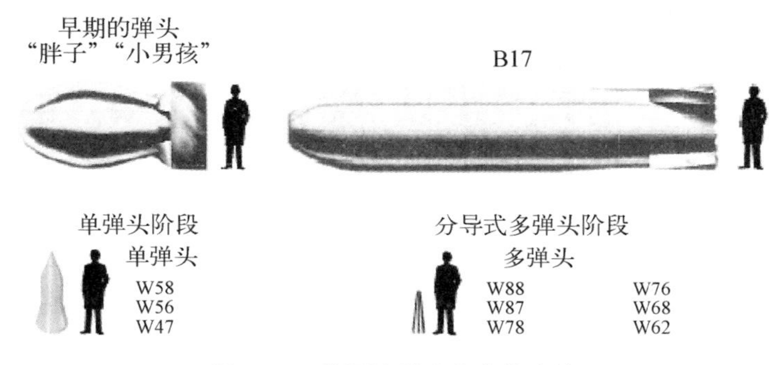

图8-1　美国核弹头大小的比较

从美国核武器小型化演变进程可见,小型化的幅度很大,W87与MK17相比,重量减至几十分之一,尺寸减至几分之一,比等效百万吨数提高了近10倍。

8.4　安全性

由于核武器在政治和军事上的重要性及其巨大的破坏力,一旦由于某些原因发生意外核爆炸,后果将十分严重,因此核武器的安全性是最为严格要求的一项战术技术指标。核武器的安全性通常包含核安全、钚扩散安全和核保安三个方面。

核安全是指在异常环境中万一发生核爆炸但不至于产生有意义的核当量。平时处于次临界状态的核武器,即使在意外事故的情况下达到超临界状态的概率应极小。20世纪60年代,美国政府对核武器设计提出了"沃尔斯科"标准,即在正常环境下,核武器在其整个寿命内,在接受解除保险信号前,核武器提前爆炸的概率小于十亿分之一；在异常环境下，在发生事故或暴露时，在接受解除保险信号前，核武器提前爆炸的概率小于百万分之一。20 世纪 90 年代，美国政府对核武器设计又提出了“一点安全”的性能要求，即万一炸药在某一点被意外引爆时，产生超过 4 lb（1 lb＝4.54×10^{-4} t）TNT 当量核威力的概率小于 10^{-6}。

为防止核武器在所有正常环境和一定的异常环境中故意或因疏忽而预先解除保险、发射或投掷以及发生核爆或钚材料散落，需在有关核武器安全的各个环节采取一系列周密的安全保障技术措施。引爆控制系统是引爆核武器的关键分系统，为确保其不会误动作，电路中任何单一信号都不应使系统解除保险和引爆核装置；设置从地面勤务到飞行过程中的多级保险器，以避免核武器意外地解除保险；采用临发射时或在弹道飞行中才激活的化学电源，提高核武器地面勤务的安全性；采用避雷措施，保护引爆控制系统的关键电路；设置指令自毁系统，使核武器发生意外事故时，能根据指令在规定的时间内自毁关键部件，使核武器失效。

钚扩散安全是指发生事故时，钚不会扩散到环境中去。钚是一种剧毒物质，为避免着火事故或意外化学爆炸中钚的扩散污染，威胁人员的安全，核武器除了要具备“一点安全”性能外，核装置中的炸药部件采用钝感炸药，以降低核武器遇火灾、撞击、枪击、空中坠地发生化学爆炸的概率；采用耐火弹芯，将核装置的钚部件包在一个高熔点、耐受熔融钚腐蚀的金属壳内，以减少核武器在碰撞、着火事故中钚散落污染的可能性。

核保安是指要防止核武器被盗和非授权使用，提高核武器地面勤务的安全性。为防止非授权使用核武器，须建立严格的法规和安保措施，设置密码锁，使不掌握密码的人无法引爆核武器；实行“双人制”，即在接触核武器或打开密码的地方执行任务时，至少有两个被批准的人员在场相互监督，确保只能按保安规则进行操作。

8.5　作战准备时间

作战准备时间是指从接到发射命令到实施发射的时间间隔。作战准备时间的长短对核武器能否快速地投掷发射而不致贻误战机以及提高生存能力关系极大。核武器有的处于整装待发的值班状态，有的处于储存状态。为提高核武器的安全性和储存寿命，常有部分核弹头处于分解储存状态，以便对各个部件做定期的维护检测,保证其处于良好的状态。一旦接到准备使用的命令,就可由分解储存状态按规定的操作程序完成总装。

8.6 可靠性

可靠性就是要求核武器在紧要关头需要使用时,必须是可用的。即在核武器使用寿命期间,在规定的条件下接受必需的指令输入后,可实现按规定的性能指标要求进行核爆炸。

可靠性的定量指标主要是可投射率和核爆可靠度。可投射率是指临投射前,能适时投射的概率。核爆可靠度是指核武器在正常投射情况下,按规定性能指标实现核爆的概率。

核武器结构精细复杂、零部件繁多、核材料昂贵、工作环境严酷,在长期的储存过程中,核材料会发生衰变和性质的变化,有机材料会老化,不同材料的相容性会恶化,所有这些因素都会影响核武器的可靠动作,严重时可能引起整体动作失败。

为提高核武器的可靠性,首先要提高物理设计的可靠性,这要建立在对核武器物理规律和材料性能的掌握上,充分考虑所用材料的储存稳定性、材料的相容性,材料部件储存的环境适应性,钚弹芯采取密封结构等。其次,在设计中要留有必要的裕量,使设计出的产品既“精巧”又“皮实”。装备须有必要的备份。如在核武器的引爆控制系统中装备多种不同机理引信,在某些较薄弱的环节上采用多个部件互为冗余的设计和降额设计方法。再次,要进行细致的定期检验,对一些库存产品进行功能试验,如雷管起爆的同步性检验、爆轰模拟试验等。还可进行非核系统的飞行试验,以检验系统的可靠性;对库存核武器抽样进行必要的库存核试验。在没有核试验的条件下,如何确保核武器库存的可靠性,是核武器国家都面临的重要问题。

8.7 生存能力

生存能力是指核武器在遭受敌方核和非核攻击时仍能保持可正常发射和正常功能的能力。它直接影响核武器在战争中的有效性。保持核武器的生存能力,不仅要靠拦截手段、工程加固,更重要的途径是提高部署核武器的隐蔽性、机动性和发射系统的抗打击能力等被动防御措施。例如,把整装的战略核导弹装载在核潜艇或机动车辆上，经常变换位置隐蔽在水下或山洞内，需要时又能快速发射。核武器的生存能力还与对敌方导弹的预警能力和己方核导弹的快速反应能力有关。如果一个国家有很好的导弹预警能力，能及时发现并准确判断敌方的进攻，己方导弹又有快速发射能力，在敌方导弹未到达之前，便使己方导弹升空，那么即使是井基核导弹也会有相当的生存能力，但必须最大限度降低误判的风险。为了提高核武器在承受打击和核拦截条件下的生存能力，必须做抗核加固的设计，根据己方核武器作战目标和来袭核武器的状况，制订核武器在不同状态下针对冲击波、X射线、γ射线、中子和电磁脉冲的加固措施。

井基核导弹生存能力较差，发射井加固成本很高，核武器国家都把发展潜射和陆基机动核导弹作为提高生存能力的主要途径，特别是潜射核导弹，只要潜艇的隐蔽性好，其生存能力就会很强。

8.8　突防能力

突防能力[4-5]是指核武器在使用时能够突破敌方的防御系统，达到预想的作战目的的能力。敌方的防御系统一般由导弹发射侦查探测系统，核导弹飞行状态的探测、跟踪、识别系统，战场管理及指挥控制通信系统，以及拦截系统等组成。拦截分助推段拦截、中段拦截和再入段拦截。拦截手段又分为核拦截和非核拦截。核导弹可针对不同的阶段和不同的拦截措施来突防，这就是反探测、反识别和反拦截的措施。为了反探测，防止或推迟核导弹被敌方发现，使敌方不能及时拦截，可采用使核弹超低空运载进入技术、变轨飞行技术、弹头对雷达和红外的隐身技术、减小弹头反射截面技术等。

为了反识别，还可采用释放诱饵技术、分导式多弹头技术和减小雷达反射面的隐身技术等。为了抗拦截、突破敌方的核拦截，可制订核武器在不同状态下(地面、惯性飞行段、再入段)对冲击波、X射线、γ射线、中子和电磁脉冲的加固措施以提高承受核辐射的能力。当用多发核武器打击同一目标时，为避免自相摧毁，各枚核弹可以以一定的时间间隔飞向同一目标。针对非核拦截手段，包括动能武器、定向能武器，可采取抗动能加固、抗辐射加固措施。

突防能力一般用突防概率来度量，其表达式为

$$p=\prod_{j=1}^{n}(1-p_j) \qquad (8-3)$$

式中，p 为突防概率，$\prod$ 为连乘号，p_j 为第 j 层的被拦截概率。为了反探测、反识别和反拦截，常联用多种突防手段以提高突防概率。

8.9 打击硬目标能力及软毁伤效应

对抗压强度不高的目标，如暴露在地面或浅地表面下的军事基地、港口、工业基地等设施，一般采用空中核爆方式，主要杀伤破坏因素为冲击波、光辐射、早期核辐射和电磁脉冲等，面积毁伤因素[6]起主导作用，用等效百万吨数来衡量，在总威力一定的情况下，多弹头的打击效果优于单弹头。对攻击具有较强抗压强度的目标，如地(水)下坚固目标，导弹发射井和地下指挥所等，体积毁伤因素起主导作用，一般采用地(水)面或地(水)下爆炸方式；用摧毁力(K)来衡量，K 与等效百万吨数 $\left(E_{\mathrm{MT}}=\left(\frac{Y}{Y_0}\right)^{2/3}\right)$ 成正比，与命中精度圆概率偏差(C_{EP})的平方成反比，即 $K=E_{\mathrm{MT}}(C_{\mathrm{EP}})^{-2}$。威力 Y 提高1倍，K 增大0.6倍；命中精度提高1倍，K 增大3倍。可见，为了提高打击硬目标的能力，提高命中精度比提高弹头的威力更有效。

对于打击高空目标和毁伤地面通信系统，一般采取高空核爆炸方式，其爆炸的70%～80%能量以 γ 射线、X射线形式释放，形成强电磁脉冲，使在轨道上运行的卫星、飞行中的导弹、指挥控制系统和武器系统的电子电器设备遭到毁伤。

核武器的软毁伤效应主要指遭受核打击而引起的社会心理效应、社会经济后效效应和生态遗传后效效应。从影响的深度和广度看，社会心理效应是起主导作用的因素。核打击作为一次灾变性事件，对个体、群体及社会是一种强刺激，引起混乱、惊慌、恐惧、意志崩溃、精神紧张等心理效应。通过灾变的社会效应放大，对社会机制产生强烈的影响和干扰，使社会整体振荡、崩溃、瓦解，社会控制力和凝聚力减弱、经济崩溃、社会动乱等。

8.10 使用寿命与可维修性

核武器的寿命指核武器从交付之日起，到在规定的条件下仍能保持其规定的性能的时间。它与设计制造、材料选用、储存状态、储存环境和使用环境密切相关。

进入国家核武库的核武器，经过较长时间的储存后会发生一系列变化，如易裂变材料会被腐蚀，炸药会逐渐分解并引起雷管变质，高分子材料受辐射会老化，这些因素都会影响核武器的可靠性以及其他战术技术指标。因此核武器设计中必须认真考虑所用材料，特别是核材料的储存稳定性、材料间的相容性、对储存环境的适应性以及易损部件的可维修性和更换等。同一型号甚至同一批次的产品，其实际寿命也不尽相同，一般用平均寿命来衡量一种型号产品的寿命，将其作为一个可靠性的特征量。由于对核武器的可靠性要求很高，规定的储存期一般低于产品的平均寿命。

核武器的可维修性指维修有故障和可修复产品部件的难易程度。通常以在一定维修资源条件下的维修时间作定量描述，它与产品设计中考虑维修的措施有关。在核武器研制中应把维修保障系统作为整个武器系统的一个子系统进行同步研制，提出在储存期内定期复检、维修的特定要求，在可能的条件下进行必要的抽检试验，以保证核武器经常处于完好的状态。

8.11　核武器库存管理与退役

核武器的储存环境、保管方法，以及延寿与退役都有严格的要求与规范的流程。

1）储存环境

由于核武器中含有大量相容性不好、对环境因素极为敏感又极具放射性危害的材料和部件，因此核武器储存[7]对环境要求极其严格。库房应具有防火、防洪、防雷电、防风暴、防高温、防严寒、防地震、防静电等设施；核武器的部件、组件应分类有序存放，便于检查、维护、保养；炸药、雷管须防静电单独摆放；核材料排放须满足次临界要求。要制订严格的规章制度，确保对管理人员考核，规范其操作；设置完善的安全警卫和检查系统。

2）储存与保管

为使核武器在储存过程中经常处于良好的状态，除了对储存环境有要求外，还要对库存的核武器进行连续的监测、维护保养，将环境对核武器的侵害减小到最低限度。

对核武器的检测包括入库储存时的检测和定期检测。入库检测是要掌握核武器的初始技术信息，定期检测是根据不同型号核武器的技术规定和制度做例行检测。为避免和减少环境对核武器的侵害,长期不用的核武器需进行封存。为保持封存核武器经常处于良好的技术状态,需定时启封进行必要的检查、保养、修理使其恢复原使用的技术状态。

3) 延寿与退役

核武器的延寿[7]研究是根据核武器系统各个零部件的设计寿命及超期服役库存核武器的实际变化情况,找出影响核武器寿命的薄弱环节及可延寿的潜力,提出延寿的技术可行性和恢复各部、组件技术性能的整修方案。核武器的安全性、可靠性是延寿研究的基础和依据。对超期服役的核武器要逐年检查、预测可继续储存的时间;改进储存的环境和模式,对易损耗的零部件进行维修和更换,以保持超期服役核武器的作战能力。

在延寿研究中,还要考虑核武器延寿所产生的军事效益和经济效益,当某型号核武器延寿已经失去军事效益或经济效益时,提出将该型号核武器做退役处理的建议。

8.12 核武器作战效能

根据作战打击目标的需要,需选定具有某种作战效能的核武器系统。影响导弹核武器系统作战效能的因素很多。从导弹核武器系统完成作战使命的内容看,以地地导弹核武器为例,其主要影响因素如图8-2所示。由此可知,核武器系统作战效能涉及的面极广,对其作战效能的判定是一项很复杂的工作。

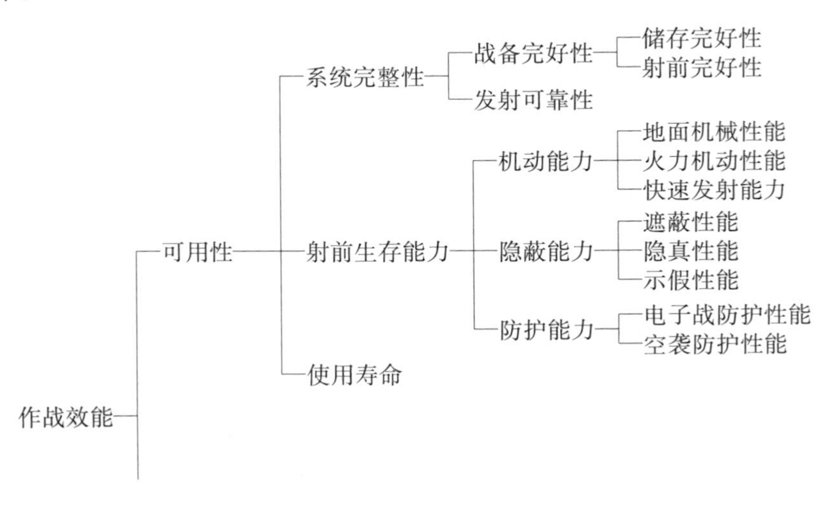

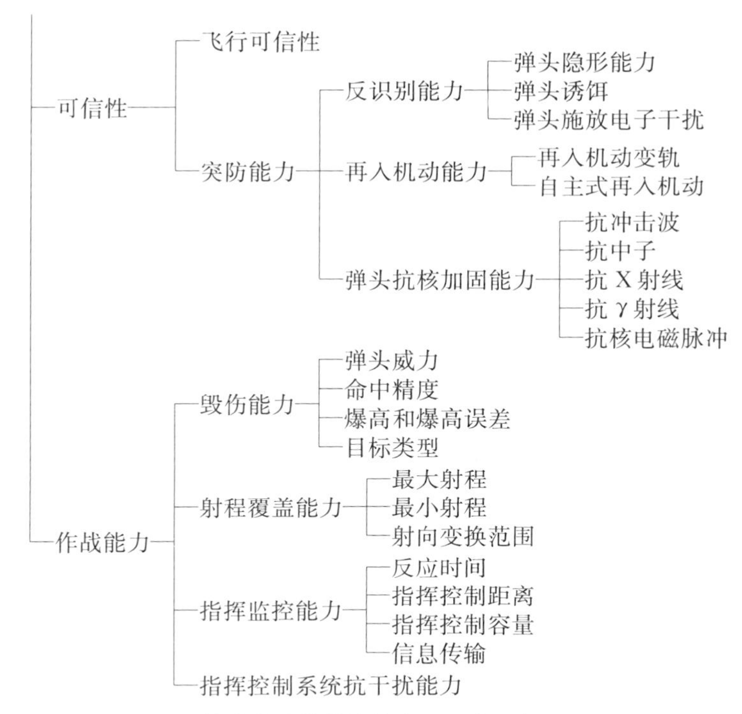

图 8-2　核武器作战效能的主要影响因素

参考文献

[1] 钱绍钧. 军用核技术[M]. 北京：中国大百科全书出版社，2007：90-101.

[2] 栾恩杰. 国防科技名词大词典·核能[M]. 北京：航空工业出版社，兵器工业出版社，原子能出版社，2002.

[3] 国防科学技术工业委员会科学技术部. 中国军事百科全书：核武器分册[M]. 北京：军事科学出版社，1990。

[4] U. S. Department of Defense. Security for protecting nuclear weapons[R]. Washington：DOD，1988.

[5] U. S. Department of Defense. Nuclear weapons personnel reliability program[R]. Washington：DOD，1993.

[6] 乔登江. 核爆炸物理概论[M]. 北京：原子能出版社，1988.

[7] Paine C E，Mc Kinzie M G. The U. S. government's plan for designing nuclear weapons and simulating nuclear explosions under the comprehensive test ban treaty[R]. Interim Report on the Department of Energy Stockpile Stewardship and Management Program，1997.

第 9 章　禁核试后的核武器研究

核试验是研发核武器、维护核武库的最直接手段，而全面禁止核试验被认为是防止核扩散以及实现全面禁止和彻底销毁核武器这一远景目标的重要步骤。《全面禁止核试验条约》(CTBT)于 1996 年 9 月 24 日开放供签署，条约第一条明文禁止“任何核武器试验爆炸或者任何其他核爆炸”。在没有核试验的条件下，如何保持核武库的安全性、可靠性和有效性成为拥核国家面临的严峻挑战，拥核国家核武器研究进入了新的历史时期，转向寻求新的研究或评估方法。

9.1 《全面禁止核试验条约》的签署及其影响

冷战结束后，俄罗斯于 1991 年 10 月单方面宣布暂停核试验。美国也于 1992 年 9 月宣布暂停地下核试验，并称不再入库新型号的核武器。在此背景下，美俄开始加快推进 CTBT 的谈判。1996 年 9 月 24 日，联合国总部举行了 CTBT 签字仪式，美国、俄罗斯、中国、英国和法国 5 个核武器国家以及其他部分国家于当天签署了协议。条约规定，缔约国承诺不再进行核武器核爆炸试验或其他任何形式的核爆炸。

尽管签署了 CTBT，核武器国家仍将核威慑作为国家安全的重要组成。美俄仍旧保持了“三位一体”的战略核力量和部分战术核武器；法国保留了由潜射核力量和空射核力量组成的“两位一体”战略核力量；英国则只保留了潜射核力量。2022 年，美国国防部的《核态势评估报告》强调：“在可预见的未来，核武器将继续发挥其他美国军事力量都无法取代的，独一无二的威慑效果”[1]。可以预见，未来核武器国家维持核威慑的工作仍将长期进行。

然而，核试验的暂停给整个核武器工作带来了巨大的影响。在此之前，科学家们通过核试验来研究核武器的原理，验证核武器的设计，研究核武器的效应,检验库存核武器的可靠性和安全性。暂停核试验后,核武器研究工作中最重要的支柱被抽走——“对于科学家而言,突然从有核试验的研究环境向没有核试验的环境转变,无疑引发了一场智力地震”[2]。

因此,在不恢复核试验的条件下,如何长期确保核武库的安全、可靠和有效,是各国核武器工作面临的共同挑战。在核试验年代,美国、苏联等国核武库更新换代较频繁,如美国核武库平均寿命不超过13年,面临的老化问题不突出。禁核试后,核武器的老化影响日趋严重;此外,各核武器国家还在不同程度地使核武库现代化,以提高武器的安全性和可靠性。武器的老化和现代化都会不同程度地改变核武器原来的设计或生产工艺,使其偏离过去核试验验证过的设计。在核试验年代,这些问题可以通过地下核试验来验证和评估。禁核试后,必须寻找新的研究或评估方法。

综上,核武器的研究工作并未随着CTBT签署而终止,而是进入了一个新的历史时期。为此,各核武器国家都采取一定措施并推出相应计划,如美国自1996年实施至今的“核武库维护计划”,其经费从最初的30多亿美元增加到2024年的190亿美元。英国和法国在禁核试后也分别推出了与美国“核武库维护计划”类似的“模拟计划”或“弹头保障计划”。俄罗斯在20世纪90年代初开始对核武库进行现代化,到2023年底,俄罗斯战略核力量现代化率已达95%[3]。

其中,美国的核武库维护工作主要由能源部内的半独立机构核安全管理局(NNSA)下属的核武器综合体(包括三个实验室、四个生产厂和一个试验场地)具体实施①。2023年美国核武器综合体有57 000多名员工,超过80%的人员支持核武器相关活动[4]。

9.2 禁核试后的核武库工作

尽管保持核威慑有效的目标一致,但美、俄、英、法在保持其核威慑有效上采取的策略不尽相同。其中,美国和英国禁核试后均声称不入库新型号武器,通过监测、评估、整治延寿等方法来保持并使库存武器现代化;俄罗斯和法国则主要采取入库新核武器型号的方式。本节阐述美国禁核试后的核武库工作。

---

① 分别为洛斯·阿拉莫斯国家实验室(LANL)、劳伦斯·利弗莫尔国家实验室(LLNL)、圣地亚国家实验室(SNL)、潘太克斯厂、堪萨斯城厂、Y-12厂、萨凡纳河厂(SRS)以及内华达试验场地(NTS)。

9.2.1　美国核武库规模与组成

据美国官方2021年公布，至2020年9月，美国核武库中共有3 750枚核弹头，该数目较1967年的最大库存(31 255枚)削减了88%。美国历年核武库数量变化情况如图9-1所示[3]。

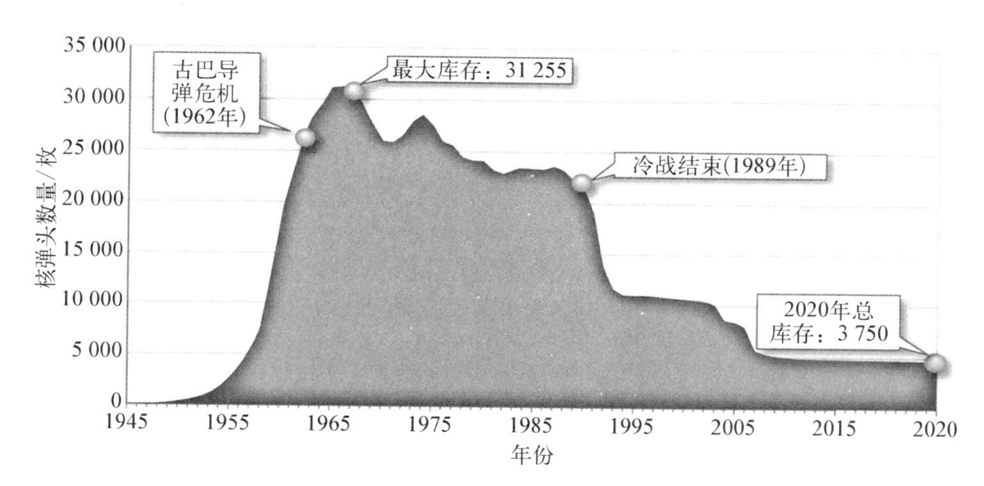

图9-1　1945—2020年美国核武库变化情况

目前，美国核武库中有2种潜射弹道导弹弹头、2种洲际弹道导弹弹头、多种炸弹和由飞机投射的巡航导弹弹头，共包括7种型号，13种改型，具体如表9-1[4]及图9-2所示[5]。

表9-1　美国2022年核武器

类型①	说明	运载工具	实验室	任务	军种
弹头—战略弹道导弹平台					
W78	再入体弹头	“民兵Ⅲ”型(MM Ⅲ)洲际弹道导弹	LANL/SNL	地对面	空军
W87-0	再入体弹头	“民兵Ⅲ”型洲际弹道导弹	LLNL/SNL	地对面	空军
W76-0/1/2	再入体弹头	D5潜射弹道导弹“三叉戟”潜艇	LANL/SNL	水下对面	海军
W88	再入体弹头	D5潜射弹道导弹“三叉戟”潜艇	LANL/SNL	水下对面	海军

(续表)

类型[①]	说明	运载工具	实验室	任务	军种
炸弹—飞机平台					
B61-3/4	战术炸弹	F-15E、F-16,以及经NATO认证的飞机	LANL/SNL	空对面	空军/特定NATO[②]军队
B61-7	战略炸弹	B-52和B-2轰炸机	LANL/SNL	空对面	空军
B61-11	战略炸弹	B-2轰炸机	LANL/SNL	空对面	空军
B61-12	战略/战术炸弹	B-2轰炸机和F-35A两用飞机	LANL/SNL	空对面	空军
B83-1	战略炸弹	B-52和B-2轰炸机	LLNL/SNL	空对面	空军
弹头—战略巡航导弹平台					
W80-1	空射巡航导弹	B-52轰炸机	LLNL/SNL	空对面	空军

注:① 弹头或炸弹后的编号(如W76的"-0/1")代表相应武器的改型。
② NATO—北大西洋公约组织。

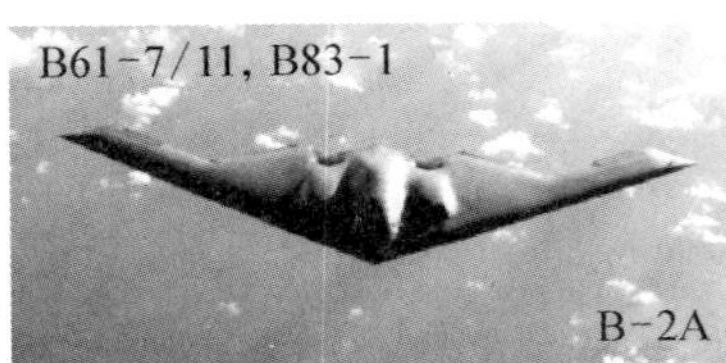

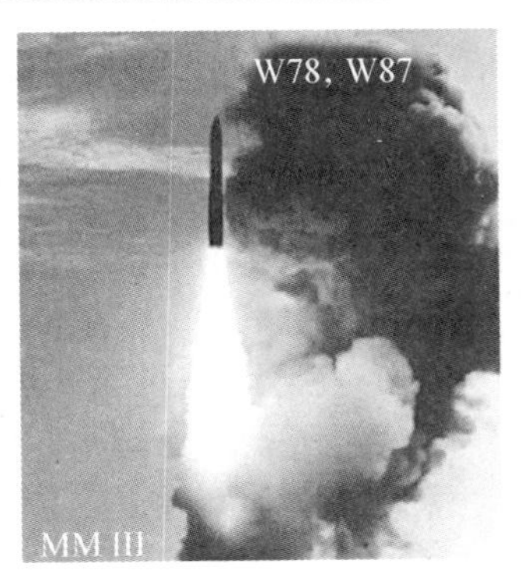

图9-2 美国核武器及其投射系统

总体而言,美国当前核武库具有以下特点:

(1) 保留"三位一体"战略核力量,并且在可预见的未来仍将保持。

(2) 核武库由备战(active)和非备战(inactive)两部分组成。其中大部分备战弹头处于“即时可用(ready for use)”状态，即装载于运载工具上或储存在运载工具附近，其中装载于运载工具上的弹头处于预警发射状态；少量备战弹头支持勤务维护。非备战核弹头处于非作战状态，部分组件被拆除，主要用于响应突发需求和勤务维护[3]。

(3) 各型号核弹头都具备较高的综合性能。美国所有的核弹头都采用了“一点安全(OPS)”和增强核爆安全(ENDS)设计。其中，“一点安全”是美国对核弹头在异常环境下的核爆安全性要求。ENDS是一种核武器安全装置，它可以把事故下弹头雷管引爆概率降到小于百万分之一。ENDS的基本思想是把引爆武器的关键电子部件隔离在一个禁区中，通过一种称为“强链”的装置将正常解保和点火信号送入禁区。

以下从有限寿命部件更换、武库监测评估、整治延寿，以及武器拆卸等几方面来阐述禁核试后的核武器工作概况。

9.2.2　有限寿命部件更换

有限寿命部件更换是目前美国一项重要的武库维护工作。历史上，美国核武器研制生产机构将核弹头中的四种部件看作有限寿命部件[6]，这四种部件分别为中子发生器、储氚罐、气体发生器和同位素电池(RTG)。

尽管“有限寿命部件更换”是一项日常性的武库管理工作，但也在不断地用新设计的部件更换旧部件。美国库存弹头的某些性能也由此得到改进，如W76的新中子发生器具有改进的抗辐射加固能力。

9.2.3　核武库监测评估工作

监测评估工作是评价美国库存核武器安全可靠的基础，美国这项工作开始于20世纪50年代末。禁核试后，美国监测评估工作逐渐从发现问题向预测问题(尤其是老化引起的问题)过渡。此外，1997年起，美国能源部与国防部还在总统要求下共同实施“核武库年度评估”工作，并且每年向总统保证在无核试验下美国核武库依然是安全、安保和可靠的。目前，美国的核武库监测评估工作已经演变成一个系统、全面且具有规范流程的活动。

概括而言，监测评估工作包括对库存武器进行定期随机抽样，并对抽出的样品进行从系统级到部件/材料级的试验，目的是发现库存问题，对监测结果以及监测中发现的异常现象进行判断，图9-3所示为技术人员正在对核弹进行监测操作[7]。监测评估的结果将确定武库系统的整体健康状态，确

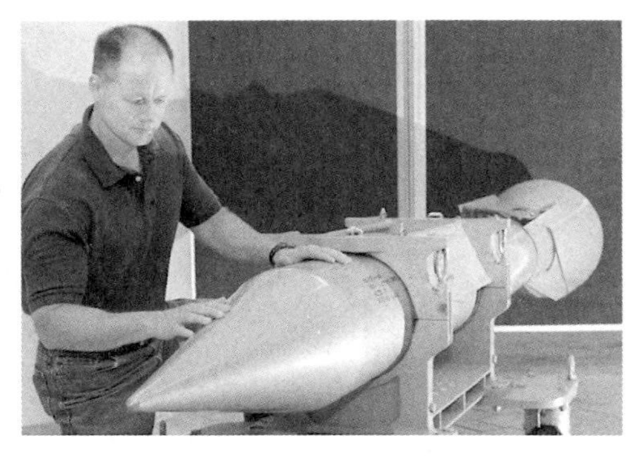

图9-3 技术人员对B61核弹进行监测

定是否需要对某个武器进行整治或实施延寿计划以确保核武器的安全、安保和可靠。

禁核试和不再入库新武器对监测评估工作形成了极大挑战。监测的重点和手段都发生了较大变化。首先,禁核试前武库监测的重点是发现弹头"与生俱来的缺陷",也就是设计和生产缺陷,而对弹头中材料或部件老化的监测却很少涉及,这方面的技术和经验都很薄弱。随着库存武器年龄不断增长,设计和生产缺陷越来越少,而老化问题却日益凸显,这就需要将监测工作的重点转到老化问题上。其次,随着武库不断缩小以及监测技术不断改进,传统的监测抽样方式和监测技术不再适宜,监测手段逐渐向灵活抽样和大量使用无损监测技术转变,这也是监测的未来发展趋势。

而对武库评估来说,挑战则更加艰巨。尽管核试验从来不是正式武库评估计划的一部分,但是它们在保持武库核武器安全、安保与可靠方面起着重要作用[8]。通过核试验,可以检验发现的问题,也可以证明某个问题不需要采取修补动作,从而避免花费大量的时间和物力去解决它。另外,20世纪70年代后进行的部分核试验对检验库存武器的置信度,以及解决一些安全、安保与可靠问题起了重要的作用。应该说,核试验是解决库存问题的一种高效费比手段。禁核试下,就需要发展其他手段来代替核试验在这方面的作用。

因此,禁核试后,在监测方面,美国核武器实验室一方面继续延续核试验时代的监测内容,即抽样后进行监测试验;另一方面则根据实际需求和监测技术的发展,转变传统的监测方式和手段。目前的重要进展包括:① 监测技术和能力不断提升,能够从样品监测试验中获得更多有用的数据,从而降低了对抽样数量的要求。② 开发了大量老化模型,提前预测弹头部件或材料的老化情况。

9.2.4 核武库整治延寿工作

禁核试后,美国核武器实验室没有再入库新型号武器,而是通过对库存武器实施整治延寿活动，以延长库存武器服役寿命；解决监测评估中发现的武器设计问题、生产问题和老化问题；武器现代化，包括提升安全性和使用控制特性。通常，一个型号弹头延寿计划的经费在 10 亿美元以上，实施时间长达十余年。为加强管理，NNSA 还专门针对核弹头延寿计划制订了 6. X 流程①。6. X 阶段基本与新弹头研制的前六个流程对应②，这说明禁核试后的弹头延寿计划是一项系统的弹头研制活动。

对于不同的核弹头延寿计划，美国可能采取不同的策略。近年，美国核武器实验室提出 3R 延寿策略，即根据弹头具体情况，对核装置整治（refurbish）、再利用（reuse）和更换（replacement）。2011 年，美国国家科学院报告《全面禁止核试验条约：美国面临的技术问题》对 3R 的定义如下[9]。

整治：核炸药包个别部件或者保留，或者用形状、尺寸和功能几乎相同的部件更换。**再利用：**延寿弹头的弹芯和次级部件来自不同的、以前部署的弹头设计。这通常意味着从现在剩余库存中取出弹芯和/或其他部件。但如果现有数量不够，就需再制造。**更换：**引入延寿弹头弹芯和/或次级部件基于以前试验过的设计，但可能在某些方面不同于以前的设计。

表 9 - 2 列出了到 2022 年美国对核弹头实施的延寿计划情况。

表 9 - 2　美国核弹头延寿计划

弹头型号 （牵头实验室）	延寿后型号	延寿计划现状	延寿策略	备　注
W87 （LLNL）	W87	完成 （1994—2004）	整治	寿命延长 30 年；提高结构整体性
B61 - 7/11 （LANL）	B61 - 7/11	完成	整治	整治次级
W76 （LANL）	W76 - 1	完成	整治	寿命延长约 40 年；拥有近地爆能力
B61 - 3/4/7/10 （LANL）	B61 - 12	批生产	再利用	四种型号合并为一种；炸弹打击精度增加

① 分别如下：6. 1 阶段，概念研究；6. 2 阶段，可行性研究；6. 2A 阶段，设计定义与成本研究；6. 3 阶段，研制工程；6. 4 阶段，生产工程；6. 5 阶段，试生产；6. 6 阶段，批生产。

② 分别如下：第 1 阶段，概念研究；第 2 阶段，可行性研究；第 2A 阶段，研究设计定义与成本研究；第 3 阶段，研制工程；第 4 阶段，研究生产工程；第 5 阶段，试生产；第 6 阶段，批生产、库存维护与评估；第 7 阶段，退役与拆卸。

(续表)

弹头型号 (牵头实验室)	延寿后型号	延寿计划现状	延寿策略	备　注
W78 (LLNL)	W87-1	工程研制	再制造	用安全性更高的设计替换原型号
W80-1 (LLNL)	W80-4	工程研制	整治	解决老化问题,适配新武器系统
W88 (LANL)	W88	批生产	整治	更新电子学系统,原样再制造主装药

未来,美国计划通过"延寿计划"和"新研计划"不断地使核武库现代化,图 9-4 列出了 NNSA 规划的未来核弹头延寿和现代化规划[4]。

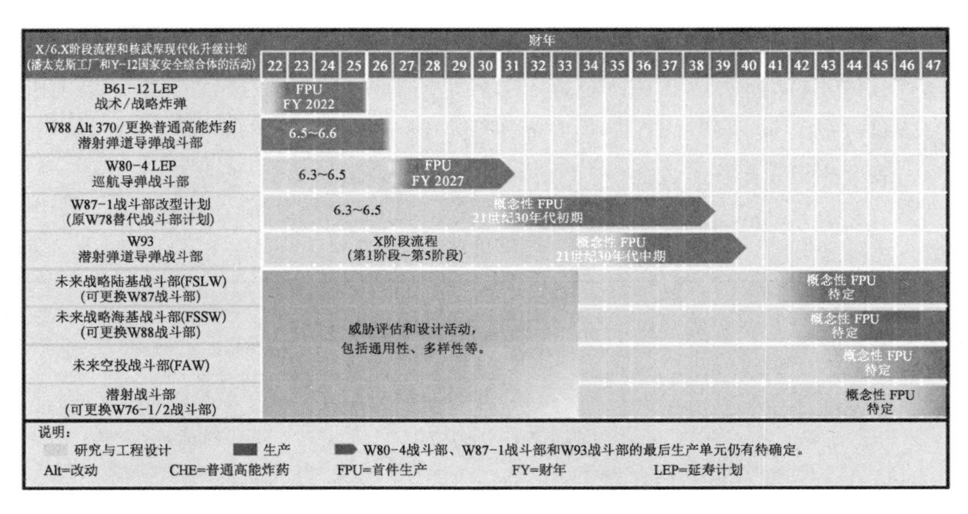

图 9-4　美国核弹头未来延寿及现代化规划

9.2.5　核弹头拆卸

美国退役弹头的拆卸工作在潘太克斯厂进行,目前年拆卸数约为 300 枚。拆卸数量受诸多因素影响,通常包括生产厂的能力、武器系统的复杂性、对共用资源的任务优先序考虑(如潘太克斯厂负责所有的武器组装和拆卸活动)等。图 9-5 展示了退役核弹头的安全拆卸与处置过程[10]。

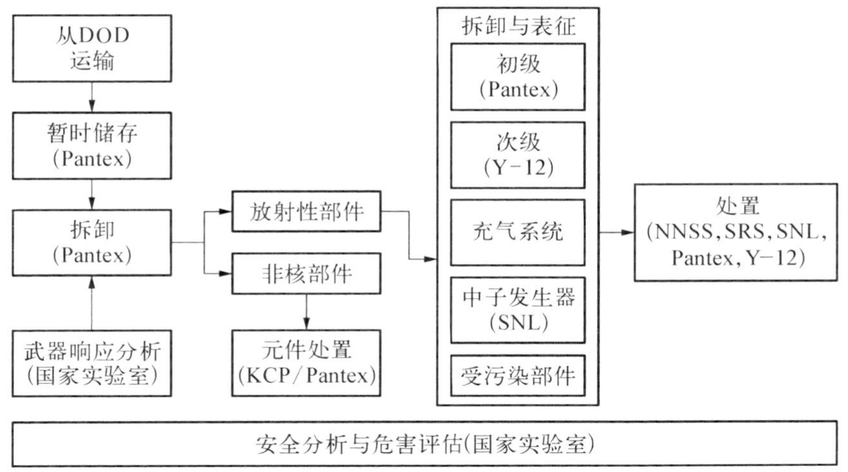

DOD—国防部;Pantex—潘太克斯厂;Y-12—Y-12国家安全综合体;KCP—Kansas City厂;SNL—圣地亚国家实验室;NNSS—Nevada国家安全场地;SRS—Savannah River场地。

图9-5　核弹头安全拆卸与处置流程

9.3　禁核试后的核武器科研

由于核爆是一个在极短时间内经历极端高温、高压和高能量密度的非线性弛豫过程,科学家们在可预见的未来都无法通过实验室实验来对其进行再现,只能针对核爆过程开展一些分解实验,且所创造的环境条件也只是尽可能地类似或接近核爆过程。计算模拟在理论上可以再现核爆过程,但核试验年代开发的核爆模拟程序由于受到科学认识不充分、运算能力不足等因素的限制,包含了一些经验因子和可调参数,需要用核试验结果来对其进行校准,使其日趋完善。而且这些程序都是一维或二维的,分辨率也低。另外在核试验年代,因为有核试验这一综合检验手段存在,以及核武器实验室不断受到军方提出的核武器型号研制任务带来的压力,所以无论是实验室实验还是计算模拟,其主要应用目的都是辅助核试验以帮助科学家们判断核武器的核性能。

从9.2节禁核试后核武库工作概述中可以看出,无论是判断和预测不断老化武库的安全性和可靠性(所有核武器国家),还是认证整治延寿弹头(美国、英国),抑或是认证新型号弹头(俄罗斯和法国),都需要加深对核爆过程的科学理解和认识。图9-6反映了美国禁核试后核爆过程研究的整体思路。在图中,“先进流体动力学能力”和“国家点火装置”是需要发展的最重要的两

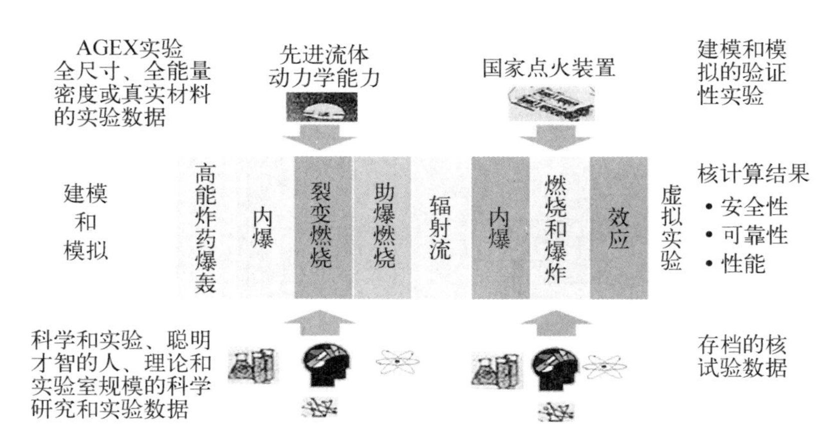

图9-6　禁核试条件下核武器研究方法的整体思路

种地面实验(AGEX)实验室能力,它们与“存档的核试验数据”一道,为核爆过程的计算模拟(即“虚拟实验”)提供模型改进知识和校验参数。

此外,美国还通过“武库维护计划”的“工程攻关”子计划以加强对核武器在储存、勤务和作战环境中行为的科学理解。其目的是为弹头相关工作提供工程科学研究和工程模拟工具,同时保持并提高核武器工程能力和基础设施。

以下主要介绍美国禁核试后,核武器科研在实验室实验、次临界实验、先进计算模拟等方面的活动。

9.3.1　实验室实验

实验室实验从领域上可分为流体动力学实验和高能密度物理实验。禁核试后,各国的核武器实验室实验能力大幅提升,建成了一批世界级的实验设施。在此主要以美国为例,简述禁核试后核武器实验室实验能力发展情况。

9.3.1.1　流体动力学实验

流体动力学实验主要用于研究核武器初级的内爆,包括内爆压缩的细节,金属和其他材料在爆炸压缩达到核临界点之前的行为、材料响应的参数、材料老化对初级性能的影响等。

禁核试后,流体动力学试验能力一直是美国核武器工作发展的重点能力之一。代表性的能力为双轴闪光照相流体动力学试验(DARHT)装置。

双轴闪光照相流体动力学试验装置(DARHT)位于美国洛斯·阿拉莫斯国家实验室(LANL),是禁核试后美国新建的、用来进行综合流体动力学实验的重要设施(见图9-7[11])。DARHT由两台互相垂直的直线感应电子加速器组成双轴照相系统，具备多角度、多次照相和连续高分辨率照相的能力。其性能参数如下：第一轴脉冲长度为 60 ns，束流不小于 1.7 kA，可产生束斑直径为 2 mm、剂量为 500 R 的 X 射线；第二轴束流为 2～4 kA，可在 2 ms 内产生 4 个相同的 X 射线脉冲[12]。DARHT 自 1999 年建成第一轴①后就投入使用，实施“一边建设一边利用”的方针，即使用第一轴的同时建设第二轴。2009 年底，DARHT 完成了第二轴最终建造②，预计使用寿命到 2025 年。DARHT 上进行的实验大多与武器工作直接相关，如支持弹头延寿计划、重大问题研究等，同时也为计算模拟提供重要数据。

图 9－7　DARHT 示意

此外，其他核国家在禁核试后也发展了流体动力学实验能力，如英国的 Mogul 闪光相机指标为 10 MeV、30 kA，X 射线剂量为 400 R(距光源 1 m、焦斑尺寸为 5 mm)。法国 2000 年投入使用的 Airix 辐射照相装置能够产生 16～20 MeV、3.5 kA、60 ns 的电子束，可用于验证内爆阶段的物理模型。

9.3.1.2　高能密度物理实验能力

高能密度物理实验与初级助爆和次级输出研究密切相关。对于武器物理领域，高能密度是指能量密度超过 10^{11} J/m^3，或者等价于压力超过 10^6 个大气压(1 个大气压＝1.01×10^5 Pa)的物质状态。美国核武器实验室通过发展基于激光驱动和脉冲功率驱动两种能量耦合方式的高能密度物理实验装置，来开展相关实验。

在激光驱动实验装置高能密度物理研究方面，美国建成了一批大型激光高密度物理研究装置，其中比较典型的为国家点火装置(NIF)和 OMEGA 激光装置。脉冲功率高能密度物理装置的典型代表则是圣地亚国家实验室的

① 电子能量 20 MeV，束流强度不小于 1 700 A，脉冲宽度约 80 ns，焦斑不大于 1.5 mm，X 射线剂量为 500 R。

② 四脉冲，脉宽分别为 20 ns、20 ns、20 ns、100 ns。

Z/ZR 装置。

1) 国家点火装置(NIF)

NIF 是世界上最大的钕玻璃激光器,由 LLNL 负责建造(见图 9-8)[13],可提供 192 束波长为 351 nm 的激光,输出能量为 1.8 MJ,功率达 500 TW;NIF 于 1997 年动工,2009 年建成。建造 NIF 的目的是通过在实验室内实现可靠的、可重复的聚变点火,加深对核武器助爆物理、次级物理以及特定条件下的材料特性的理解。

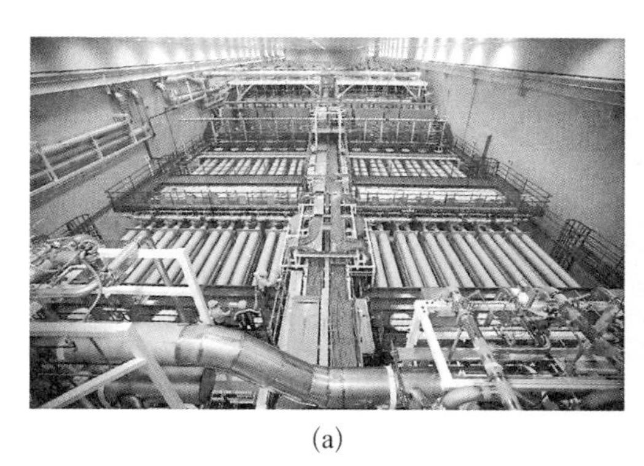

(a)

(b)

图 9-8　NIF 外观

(a) NIF 激光大厅;(b) NIF 靶室

2) Z/ZR 脉冲功率装置

Z/ZR 脉冲功率装置位于美国圣地亚国家实验室(SNL)(见图 9-9)[13]。Z/ZR 装置利用磁压力或 X 射线,可进行与核武器相关的材料动力学特性、辐

(a)

(b)

图 9-9　Z/ZR 装置及其实验

(a) 装置;(b) 实验图

射输运、不透明度、核辐射效应等方面的研究。Z装置峰值输出电流高达18 MA，可产生2.0 MJ、290 TW的能量和功率，黑腔温度达到180 eV；2007年升级后，ZR装置可向负载传输26 MA的峰值电流。除支持核武库工作外，该装置还可用于基础材料科学、实验天体物理、惯性约束聚变等领域的研究。

禁核试后，其他核武器国家也在发展相应的高能密度物理实验能力。如法国的兆焦激光装置(LMJ)，俄罗斯的火花系列激光器，英国的猎户座激光器和Ampere脉冲功率装置等。

9.3.2　次临界实验

次临界实验是一种使用核材料和炸药，但不发生链式裂变反应的流体动力学实验。美国于1997年进行了第一次次临界实验，到2023年宣称进行了33次。美国次临界实验的作用包括研究特殊核材料的动力学特性(如状态方程等)、认证新弹芯、弹头延寿研究，以及演练地下核试验准备能力等。

美国在内华达国家试验场拥有U1a和U6c两个次临界实验综合体。图9-10为U1a综合体的地面及地下布局，其中地下设施位于地表下294 m[14]，有32次次临界实验在此进行。U6c只进行过一次次临界实验。

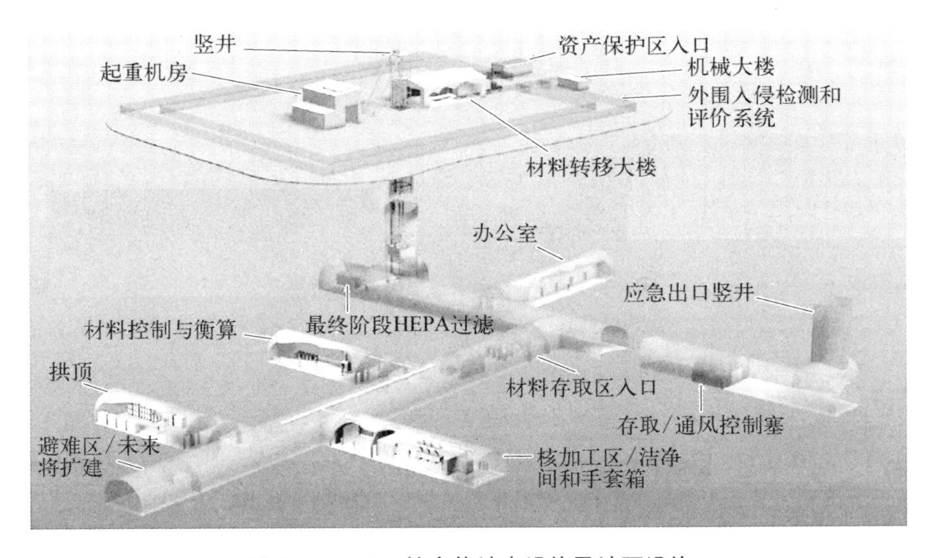

图9-10　U1a综合体地表设施及地下设施

美国一次次临界实验的费用在500万～3 000万美元。每次实验的实施都是一个复杂的过程，通常从开始设计到最后实施完成要2～3年的时间。次临界实验使用了大量诊断设备，一些重要设备包括辐射照相装置、速度测量仪器(如VISAR、Fabry-Perot测速仪、多普勒测速仪PDV)、测量喷射物的仪器(如阴影照相、ASAY膜、ASAY窗)、测量高能炸药爆轰的探针等。图9-11为某次次临界实验使用的容器和实验包[15]。值得一提的是，美国核武器实验室通过次临界实验，加上过去的核试验数据和计算模拟，在禁核试下成功认证了用新工艺生产的弹芯。

图9-11　次临界实验使用的实验密封容器和实验包

此外，位于内华达国家试验场的两级气炮JASPER(联合锕系材料冲击物理实验装置)也研究特殊核材料的动力学特性，此类实验没有被归为次临界实验。JASPER长为30 m，两级气炮口径分别为28 mm和98 mm，可驱动质量为14.6～68 g的弹丸，并最终以2.1～8 km/s的速度撞击实验样品，可产生百万量级大气压的压力和数千开尔文的高温。图9-12是JASPER装置原理图[16]。

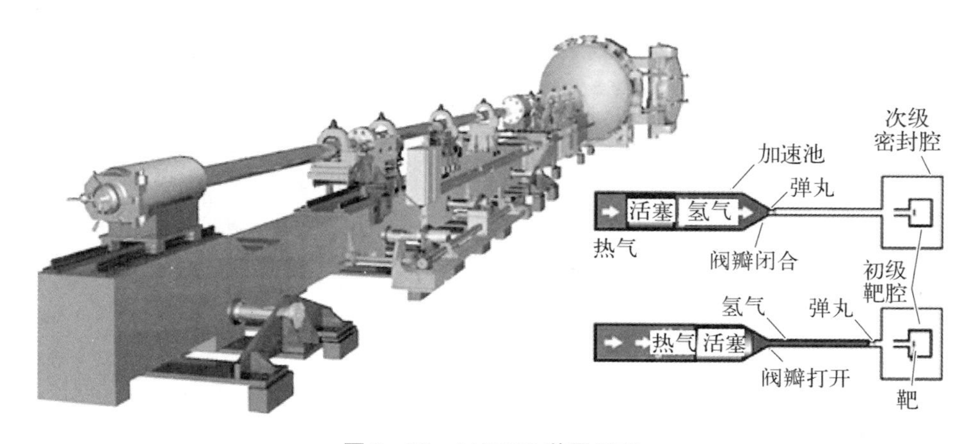

图9-12　JASPER装置原理

9.3.3　计算模拟能力

禁核试30多年来，美国通过“武库维护计划”下属的“先进模拟与计划(ASC)”子计划来发展核武器计算模拟能力，目前正逐步朝“交付三维、高保真并具有更强预测能力的现代模拟程序”的目标迈进。美国核武器实验室里程碑式的超级计算机发展如表9-3所示，其中计算机Cielo与Sequoia的外观如图9-13、图9-14所示。

表9-3　1996—2014年美国核武器实验室计算能力发展一览

交付时间/财年	超级计算机的名称	研发单位	运算速度/每秒万亿次运算
1996	Red	SNL, Intel	1(后升级到3,现已退役)
1998	Blue Pacific Blue Mountain	LLNL, IBM. LANL, SGI	3 3.072
2000	White	IBM	12.3(现已退役)
2003	ASCI Q	DOE/NNSA/ASCI/LANL, HP	20
2005	Red Storm	SNL, Cray	40(现已升级至101.4)
2005	Purple	NNSA, LLNL, IBM	75.76
2005	Blue Gene/L	LLNL, IBM	478.2
2008	Roadrunner	IBM	1 456(现已退役)
2011	Cielo(见图9-13)	SNL, LANL, Cray	1 374
2009	Dawn	IBM, LLNL, ANL	500
2012	Sequoia(见图9-14)	IBM, LLNL, ANL	2.01×10^4

图9-13　Cielo外观

图 9-14 Sequoia 外观

在大力提升超级计算机计算能力的同时,美国核武器综合体也在升级相应的计算配套设施和运行环境。如早期在 LLNL 建立的大型"万亿级模拟设施"、在 LANL 建立的"可视化墙"[见图 9-15[17],包括可重构高级可视化环境(RAVE)以及虚拟现实环境等]、SNL 的可视化走廊(见图 9-16[17])以及高性能存储系统等,这些能力都很好地支持了超级计算平台的利用。为更好地利用百万亿至千万亿级计算能力,美国核武器实验室也发展了一套较为完备的配套能力,以管理和存储数据,并开展相关可视化分析、讨论、论证工作。

图 9-15 LANL 的可视化墙

图 9-16 SNL 的可视化走廊

此外,美国核武器实验室的模拟能力也在不断提升。具体包括提供服务于武库工作的多个集成程序,图 9-17[18]所示为对 B61-11 核弹的钻地模拟;开发了一系列微观和宏观物理与材料性质模型,如流体动力学核物理激光模型、湍流中子物理学等离子体模型、辐射输运不透明度模型;研发出专门用于研究物理现象与计算特定材料属性的基础物理程序,如 LLNL 研发的 ParaDiS 金属位错模拟程序(见图 9-18[19])。

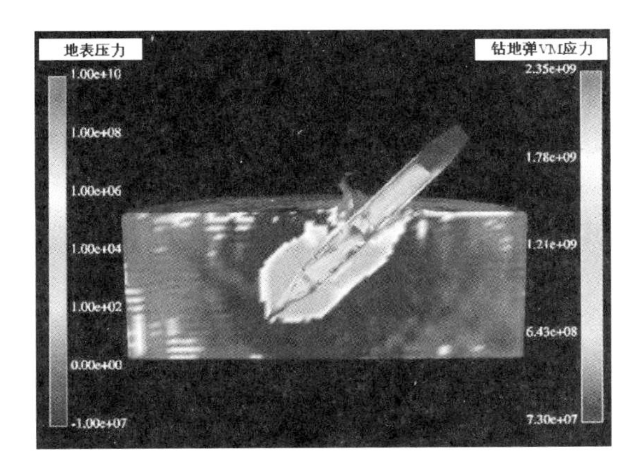

图 9-17　B61-11 核炸弹钻地模拟

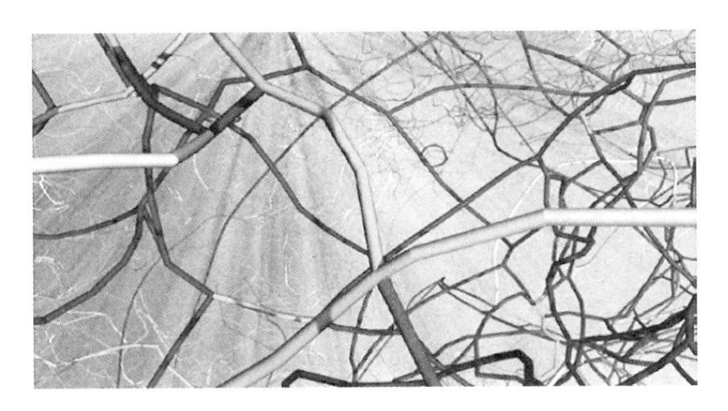

图 9-18　利用 ParaDiS 进行位错网络的模拟

参考文献

[1] U. S. Department of Defense. Nuclear posture review[R]. Washington: 1000 Defense Pentagon, 2022.

[2] U. S. Los Alamos National Laboratory. Celebrating 60 years[R]. Santa Fe: Los Alamos Science, 2003.

[3] Kristensen H M, Korda M, Johns E, et al. Russian nuclear weapons, 2024[J]. Bulletin of the Atomic Scientists, 2024, 80(2): 118-145.

[4] U. S. National Nuclear Security Administration. Fiscal year 2023 stockpile stewardship and management plan[R]. Washington: National Nuclear Security Administration, 2023.

[5] Cook D. Nuclear weapon stockpile management[R]. Washington: National Nuclear Security Administration Office of Defense programs, 2011.

[6] U. S. General Accounting Office. Nuclear weapons: capabilities of DOE's limited life component program to meet operational needs[R]. Washington: U. S. General Accounting Office, 1997.

[7] U. S. National Nuclear Security Administration. Fiscal year 2007-2011 stockpile stewardship plan overview[R]. Washington: National Nuclear Security Administration, 2006.

[8] Johnson K, Keller J, Ekdahl C, et al. Stockpile surveillance: past and future[R]. Albuquerque: Sandia National Laboratories, 1996.
[9] National Academy of Sciences U. S. The comprehensive nuclear test ban treaty: technical issues for the U. S. [R]. Washington: National Academy of Sciences, 2012.
[10] U. S. National Nuclear Security Administration. Fiscal year 2015 stockpile stewardship and management plan[R]. Washington: National Nuclear Security Administration, 2014.
[11] U. S. Los Alamos National Laboratory. Second nuclear age, more player, more dangerous[J]. National Security Science, 2014(2): 2-11.
[12] Nath S. Linear induction accelerators at the Los Alamos National Laboratory Darht Facility[R]. Tsukuba: Linear Accelerator Conference LINAC2010, 2010.
[13] U. S. National Nuclear Security Administration. Fiscal year 2012 stockpile stewardship and management plan[R]. Washington: National Nuclear Security Administration, 2011.
[14] Schreiber J. Nuclear materials management [R]. Las Vegas: National Nuclear Security Administration Nevada Site Office (NNSA/NSO), 2008.
[15] Roark K. Science goes underground[J]. Los Alamos National Laboratory Advancing National Security Through Scientific Inquiry, 2011(1): 16-19.
[16] Heller A. A new two-stage gas gun at the Nevada Test Site is helping scientists better understand the behavior of plutonium[J], Science & Technology Review, 2004(6): 4-11.
[17] U. S. National Nuclear Security Administration. Advanced simulation and computing program plan 2002 - 2003 [R]. Washington: Office of Advanced Simulation & Computing, NNSA Defense Programs, 2002.
[18] U. S. National Nuclear Security Administration. Advanced simulation and computing(ASCI) program plan 2001 [R]. Washington: Office of Advanced Simulation & Computing, NNSA Defense Programs, 2000.
[19] Tang M, Cook R, Ahern S. Dislocation Simulations [CP/OL]. ParaDiS: http://paradis.stanford.edu.

第10章　核军备控制与核查技术

核军备控制指一切与核武器有关的控制与削减活动。鉴于核武器具有空前巨大的破坏力以及引发核战争的风险，自问世伊始，国际上就开始致力于对其研制、试验、部署、使用以及核材料与核技术的转让与扩散等活动加以限制或禁止，其目的是减少核战争危险，维护全球安全稳定，最终目的是全面禁止和彻底销毁核武器。为监督、保障政府间的核军控条约或在国际机构组织框架下的各种决议的有效执行，需要有一系列核查技术以证实缔约各方是否履行了条约义务，从而增强各方执行条约的信心。

10.1　核军备控制的内容

核军备控制的内容主要包括禁止使用核武器，限制和裁减核武库规模，限制核武器发展(包括限制和禁止核试验、控制核武器用裂变材料的生产)，防止核武器及其技术扩散等[1]。

10.1.1　禁止使用核武器

禁止使用核武器、消除核战争的危险是核军备控制中最重要而紧迫的任务。1946年1月联合国大会通过的第一个决议就是要求消灭原子武器而确保和平利用原子能。

1961年11月，联合国大会通过《禁止使用核及热核武器宣言》，要求限制和禁止使用核武器，要求核武器国家承诺无条件地不首先使用核武器，不对无核武器国家和地区使用或威胁使用核武器。

一些无核武器的国家通过缔结多边条约或单方面宣布的方式，自愿建立了无核武器区，这些地区的缔约国家承诺不研发、不拥有、不使用核武器及其他核爆炸装置。无核武器区被联合国承认后，核武器国家要尊重其地位，承诺不对该地区使用或威胁使用核武器。

早在1963年、1964年中国政府就已明确建议,召开世界各国首脑会议,讨论全面禁止和彻底销毁核武器问题。中国的原子弹试验成功后,立即作出了无条件不首先使用核武器的承诺。至今,除中国外,其他核武器国家均未作出这样的承诺。

10.1.2 限制和裁减核武库规模(主要是美苏/美俄双边条约)

冷战时期美、苏两国进行了大规模的军备竞赛,核武库迅速膨胀,双方的核弹头数各自都曾达到3万枚以上,各自建立了三位一体(陆基、潜基、轰炸机)的战略核力量,核武器的小型化、生存能力、突防能力、摧毁能力都有大幅度的提高,给世界人民笼罩了核战争危险的阴云。国际上要求核裁军的呼声越来越高,从20世纪50年代起在联合国开始不断地讨论这个问题。要进行核裁军,最关键的是拥有最大核武库的两个超级核大国应率先进行大规模的核裁军。70年代初,随着美、苏两国核力量基本达到平衡,双方都感到核武库太大,远远超过了军事需要,同时带来了沉重的军费负担,于是核军备竞赛从数量竞争转向了质量竞争。从技术方面,卫星等技术的发展为监视对方核力量的部署、核查条约执行情况提供了条件。美、苏两国开始达成了一些限制和裁减核武器的条约或协议。

1972年5月26日,美国、苏联在莫斯科签署了《关于限制进攻性战略武器的某些措施的临时协定》,连同附加议定书统称为《第一阶段限制战略武器条约》(SALT-Ⅰ)。条约冻结了双方固定发射的陆基洲际弹道导弹发射架和新式潜艇上的弹道导弹发射器总量。同时签署的还有《美苏关于限制反弹道导弹系统条约》(ABM条约),规定了建立的导弹防御系统和拦截导弹限额。双方保证不研制、不试验或部署海基、空基、天基以及陆地机动的反弹道导弹系统及其组成部分。但2002年,美国退出《反导条约》,使得美俄深度核裁军变得复杂和不稳定。

1979年6月18日美、苏在维也纳签署了《美苏限制进攻性战略武器条约》,简称《第二阶段限制战略武器条约》(SALT-Ⅱ),规定了双方战略导弹发射架、潜射导弹发射管、重型轰炸机和空地弹道导弹的总数及分项限额。与此同时,美苏双方继续在提高核武器性能方面竞争。

20世纪80年代后期,美、苏两国的核武库达到了饱和,远远超出了实际的需要,非但不能增加国家安全,反而让双方背上沉重的经济包袱。随着国际形势开始趋向缓和，两国开始对其核武器进行实质性削减。

1987 年 12 月 8 日，美、苏在华盛顿签署了《关于消除两国中程导弹和中短程导弹条约》[简称《中导条约》(INF)]，承诺销毁射程为 500～5 500 km 的陆基中程、中短程导弹和发射装置。这是双方首个对某一类武器进行全部销毁的核军控条约，且彼此允许现场视察。

1991 年 7 月 13 日，美、苏在莫斯科签署了《美苏削减和限制进攻性战略武器条约》(START－Ⅰ)，承诺 7 年内将各自部署的运载工具和核弹头分别削减至 1 600 件和 6 000 枚。同年 9 月和 10 月，美、苏又宣布单方面裁减各自的战术核武器。苏联解体后，美国、俄罗斯和白俄罗斯、乌克兰、哈萨克斯坦于 1992 年 5 月签订了里斯本议定书，重新认定 START－Ⅰ为一多边条约。

1993 年 1 月 3 日，美、俄在莫斯科签署《俄美关于进一步削减和限制进攻性战略武器条约》(START－Ⅱ)，承诺在 2003 年 1 月 1 日前将各自部署的核弹头裁减到 3 000～3 500 枚。还要求对最容易刺激第一次打击的多弹头洲际弹道导弹进行销毁，以增加战略稳定性。后由于美国退出《反导条约》，START－Ⅱ未能生效。

2002 年 5 月 24 日美、俄签署《美俄削减进攻性战略武器条约》(SORT，也称《莫斯科条约》)，规定在 2012 年 12 月 31 日前将各方作战部署的战略核弹头削减至 1 700～2 200 枚。

2010 年 4 月，美、俄签署新 START 条约，条约于 2011 年 2 月生效。条约规定双方在条约生效后 7 年及以后，部署的战略核弹头总数不超过 1 500 枚，部署与非部署的发射器不超过 800 件，部署的运载工具不超过 700 件。

在此期间，英、法单方面宣布裁减各自的核武器，英国只保留和发展潜射战略核武器，法国只保留和发展潜射和空射战略核武器。

美、苏(俄)两国核裁军虽取得了进展，签订了一些军备控制的条约和协议，但都是出于制订军备竞赛规则、防止双方核力量失衡、减少核战争危险的目的。所有的条约都没有规定销毁裁减下来的核弹头，也未涵盖未部署的核弹头，所以双方的核武库仍十分庞大。

10.1.3　限制核武器的发展和扩散

为限制核武器的发展和扩散，国际上通过限制和禁止核试验、防止核武器及其技术扩散、建立无核武器区、控制和禁止生产武器用易裂变材料等逐步实现。

1）限制和禁止核试验

限制核试验方式、核爆炸威力，直至全面禁止核试验，是限制核武器发展、促进核裁军和核不扩散的重要措施。

20世纪50年代，美、苏、英在研发热核武器上展开了激烈的竞争，大量的大气层核试验造成了严重的放射性沉降。1958年苏联在完成了主要系列核试验后，决定暂停所有的核试验，要求西方国家也停止核试验。10月31日美、苏、英在日内瓦开始禁核试谈判，三国宣布暂停核试验。后因发现核武器经过一定时间储存后，部分核武器出现了一些意想不到的问题，急需通过核试验解决，为此1961年9月苏联恢复了核试验，60天实施了30次大气层核试验，美国在6个月内进行了40次大气层核试验。

在进行了大量的大气层核试验以后，1963年8月5日，美国、苏联、英国达成第一个禁核试协议《禁止在大气层、外层空间和水下进行核试验条约》(PTBT)，并向其他国家开放签署。条约旨在减少大气层核试验对环境的污染，同时限制和遏制未掌握地下核试验技术的国家发展核武器。

在进行了多次大威力的地下核试验并掌握了用减威力试验模拟大威力核爆炸技术后，美国、苏联于1974年7月3日又签订了《美苏限制地下核试验条约》[简称《美苏限当量条约》(TTBT)]，条约禁止超过15万吨TNT当量的地下核试验。

1976年5月28日，美国、苏联签订了《美、苏和平利用地下核爆炸条约》，条约禁止和平爆炸威力超过15万吨。

1977年7月，在国际社会的强烈要求下，美国、苏联、英国开始了全面禁止核试验的谈判，但由于尚未做好完全禁止核试验准备，谈判长期没有取得进展。

随着冷战结束、苏联解体、国际形势进一步缓和，美国、俄罗斯开始裁减其“过饱和”的核武库，并先后宣布暂停核试验。

1994年1月，日内瓦裁军谈判会议开始谈判《全面禁止核试验条约》。1996年9月10日得到绝大多数成员国支持的条约草案在联合国大会获得了通过。缔约国承诺：不进行任何核武器试验的核爆炸和任何其他核爆炸，不促使、不鼓励或以任何方式参与进行任何核武器试验的爆炸和任何其他核爆炸。条约规定，必须经44个有核能力的国家批准后，条约才能生效。至今条约尚未生效。

2）防止核武器及其技术的扩散

核武器所具有的巨大威力使核武器具备军事武器和政治武器的重要作

用，核能技术的开发与利用、核武器设计和制造信息的扩散以及核材料的易于获得，大大增加了核武器扩散的风险。

为阻止无核武器国家发展或获取核武器，须防止核武器或核爆炸装置扩散、防止核武器或核爆炸装置设计和制造技术的扩散、防止裂变材料和专用设备的生产与扩散[2]。

1968 年 7 月 1 日，《不扩散核武器条约》(NPT)开放签署。《不扩散核武器条约》的焦点问题是：对和平核活动如何进行保障监督，如何把一个有效的核查体系纳入条约，成为谈判各方最关注的问题。经多方磋商，在条约的第三条对核活动的保障监督作出了具体规定：要求无核武器缔约国接受国际原子能机构(IAEA)对其核活动的核查，以确信无核武器缔约国没有将和平核活动转为发展核武器。该条款包括 4 项内容：

(1) 每个无核武器缔约国承诺接受 IAEA 各项保障监督措施，目的是核查其义务履行的情况，以防止核能由和平利用转用于核武器或其他核爆装置，源材料或特种可裂变材料均应遵守保障监督程序。各项保障监督措施应适用于所有和平核活动中的所有源材料或特种可裂变材料。

(2) 每个缔约国家承诺不将源材料或特种可裂变材料，或专门用来处理或生产特种可裂变材料的设备和材料提供给任何无核武器国家以用于非和平目的，除非这种源材料或特种可裂变材料接受各项保障监督措施。

(3) 各项保障监督措施的实施，要避免妨碍各缔约国的经济或技术发展或和平核活动领域的国际合作。

(4) 无核武器缔约国应与 IAEA 缔结满足该条约的协定。保障监督适用于缔约国领土之内或其管辖、控制之下的任何地方；保障监督是覆盖无核武器缔约国所有核活动的全面保障监督。

主要的保障监督方法为核材料的物料衡算、封隔监督与现场视察。

物料衡算是国际原子能机构保障监督的基本方法。其主要措施是划分核材料的平衡区，保存各平衡区的核材料数量记录，测量和记录核材料在平衡区之间的转移。通过实物盘存，定期确定某平衡区内核材料数量。IAEA 利用各种视察方法，独立地核实核材料的数量和存放地点，检查衡算和运行记录，校对记录和衡算报告，进行独立测量、确定国家核材料管理系统的有效性，向当事国提供核查结果的报告书。

封隔和监视是 IAEA 保障监督的辅助方法，即利用某种实体屏障，如墙、容器等以减少核材料被非法转移的可能性。监视由人员或仪器进行监测，避免核材料被非法转移、封隔设施被破坏,信息造假,封隔设施设计指标被篡改等,以保证核材料控制与衡算信息的完整性、连续性,提高现场核查的效率。

现场视察是IAEA保障监督的重要方法,通过实地核查确定,受保障监督的核材料是否被转用。现场视察分特别视察、例行视察和专门视察三类,其内容包括审查衡算和运行记录,与提交给机构的衡算报告进行比较;对受保障监督的所有核材料进行独立测量;核查仪器和其他测量控制设备的功能,校准测量设备;检查监视和封隔措施完整性并评估有关技术方法的有效性、可行性;对受保障监督的核材料是否被转用做出判断和结论。

IAEA的保障监督体系在核查已申报的核材料方面是成功的,但却未能发现伊拉克的秘密核武器计划,说明这种保障监督体系在核查和发现未申报的核活动方面是有缺陷的,促使IAEA对其保障监督体系进行了审议和修改。1997年IAEA理事会批准了加强型保障监督体系的附加议定书,扩大了保障监督体系的范围和入侵性,加强了探查未申报核活动的能力和有效性,有助于实现全球核不扩散的目标。除此之外,在原有保障监督体系上增加了新的措施,包括签约国要提供核燃料循环所有方面的信息;向视察员提供核场地、建筑物的信息;核燃料循环的研究和发展的信息;制造和出口敏感核技术的信息;使用国际通信系统的权利等。可见,附加议定书授予了IAEA保障监督协定权限之外的补充视察权,提高了探查未申报的核材料、秘密核活动的能力,增加了国家之间在防止核扩散方面的透明度和信任度。保障监督体系不断地得到了加强和完善,在防止核扩散方面发挥了不可或缺的作用。

《不扩散核武器条约》同时规定要保证无核武器国家在国际原子能机构的保障监督下和平利用原子能的权利;核武器国家要尽早停止核军备竞赛并就全面彻底核裁军条约进行谈判。截至2007年6月,除以色列、印度、巴基斯坦和朝鲜外,条约共有190个缔约国。朝鲜于1985年加入,2003年1月宣布退出。条约原定有效期25年,1995年审议会决定其无限期延长。

虽然防止核武器扩散已取得了不少进展,但核扩散的危险依然存在。1998年以来,印度、巴基斯坦和朝鲜都进行了核武器试验。

核扩散与防止核扩散的由来、发展和现状的详细论述,见第12章。

3) 建立无核武器区

建立无核武器区也是防止核扩散的一种有效形式。无核武器国家通过缔结多边条约或单方面宣布形式,自愿建立无核武器和其他核爆装置的地理区域。已建立的无核武器区条约有《拉丁美洲和加勒比禁止核武器条约》《南太平洋无核区条约》《东南亚无核武器区条约》《非洲无核武器区条约》《中亚无核武器区条约》《南极条约》《外空条约》《海床条约》等。无核武器区的缔约国承诺不研发、不拥有、不使用核武器及其他核爆装置。无核区一旦被联合国承认，核武器国家应尊重其地位，签署议定书，承诺不对该地区使用或威胁使用核武器。

4）控制和禁止生产武器用易裂变材料

控制和禁止生产武器用易裂变材料，是指控制和禁止以制造核武器或其他核爆炸装置为目的生产易裂变材料，但不包括为和平利用核能而生产易裂变材料。

1946 年 6 月在联合国原子能委员会第一次会议上，美国提出禁止生产武器用裂变材料的建议。此后该议题一直是军备控制活动的重要内容。但由于该建议明显的是出于限制其他国家特别是苏联发展核武器，保持美国的核优势，因而遭到苏联拒绝。1970 年《不扩散核武器条约》生效后，无核武器国家要求禁产的呼声日益高涨。1991 年冷战结束后，美国、俄罗斯两国已经生产了远远超过需要的核武器用裂变材料，而且随着美国、俄罗斯两国削减战略武器谈判取得进展，还有来自裁减核武器而拆卸下来的大量武器用裂变材料，进一步防止核武器扩散已成为双方共同的目标。在这样的形势下，1993 年 12 月 16 日第 48 届联大通过决议，要求“在适当的国际论坛就一项非歧视性的、多边的、可在国际有效核查的禁止为核武器或其他核爆炸装置生产易裂变材料的条约进行谈判”。据此，日内瓦联合国裁军谈判会议从 1994 年开始着手处理禁产条约谈判问题。但由于裁谈会成员国之间严重的意见分歧，禁产条约谈判迟迟未能启动。

10.2　军控条约核查和监测技术

军控与裁军的条约或协议包括限制某类武器的部署、储存、生产和试验，限制部队的人数、装备和部署，控制军备竞赛和防止战争而签署的多边或双边条约或协议。其目的是缓和紧张的国际形势中所孕育的战争危险，当冲突发生时，增加执行克制性政策，使国家之间在军事政策方面采取某种形式的合作。

10.2.1　军控与裁军条约核查的功能

条约能否得到有效的贯彻执行，关键的问题是核查。核查就是为了监督、保障军控条约或协议得到有效的执行,用一整套搜集证据、核对事实的措施,证实缔约各方是否履行了条约义务,从而增强各方执行条约的信心[3]。

随着军备控制深入发展,核查技术的精度和多样化的进展,人们对核查的认同和遵守规程的必要性有了更多的共识。核查具体的功能有以下几个方面:

(1) 证实条约被遵守(demonstrating compliance)。

(2) 威慑、遏制违约行为(deterring non-complianec)。

(3) 澄清事实、排除误警(clarifying certainly, rejection of false alarms)。

(4) 及时提供违约警告,通过核实解决分歧。

核查要查出隐蔽的事实。因为受到不同国家政治的、经济的、军事的种种制约,核查所遇到的技术问题往往是非常复杂的,核查的有效性关键在于人们所能掌握的核查技术和手段。低水平的核查技术和手段,必然会使作弊或逃避可能性的概率增加,而精密的核查技术和手段原则上可以更好地实现核查目的,但由于各个国家的技术能力和国防实力不同,承受核查的能力也不同,在核查的问题上国家之间存在着事实上的不平等。一个国家为了维护自己的主权和安全利益,不能不用极大的努力,去研究或掌握军备控制核查所需的科学技术手段;否则只能受制于人,而不能有效发现对方的违约行为,使国家主权和安全利益受到损害。

10.2.2 军备控制核查的技术方法

核军备控制的核查技术方法主要有遥感技术、声学和地震学技术、电子学技术、核物理学技术和化学技术等。

1) 卫星、飞机或雷达的遥感监视技术

遥感探测技术是不直接接触物体,利用物质反射、吸收及透射电磁波的性质获取目标信息的手段。遥感探测具有低干扰性、强实时性、低费用等优点。它可在远距离大范围内长时间、连续地监测武器系统的试验、生产、销毁情况,统计地面上处于裸露状态的核武器、运载工具、导弹发射井、战略轰炸机、机动导弹和在港的潜艇等。

遥感探测按照方式可分为主动方式和被动方式两种。主动方式是利用探测系统向目标发射电磁波,而后探测由目标反射回来的电磁波来识别目标的。如雷达就是利用主动方式的系统,它利用比光波长的电磁辐射(一般为 3~50 cm),由信号发生器产生辐射脉冲,经天线在一定方向上把脉冲信号发射出去,而后保持静止状态,以接收(探测)从目标反射回来的信号。其优点如下:① 雷达波比光波长,具有较强的穿透云雾、地层的能力,能显示目标的几何形状、背景地形,探测较隐蔽的目标,不受环境条件的限制。② 雷达是主动系统,可在白天、黑夜运行,不受昼夜和日照条件的影响,是全天候传感器。雷达的类型越来越多样化,性能越来越先进,如不同波段的相控阵雷达、合成孔径雷达、超视距雷达等。其缺点是需要一个强功率源,波长较长,分辨率低,成像困难。雷达在条约核查中起着很重要的作用。

被动方式是利用目标本身发射的电磁波或对电磁波的吸收,或以反射特征识别目标的。如可见光成像(visible light photography)、红外探测与成像(infra-red detection and imaging)和多光谱成像等,所利用的光谱段一般为 $10^{-7}\sim10^{2}$ cm。测量精度可用光谱分辨率和几何分辨率来描述。光谱分辨率用来表征可测到的能谱结构精细的程度,它取决于光谱仪器的性能、选用的波段及噪声分布。几何分辨率用来表征最小可分辨目标的尺寸,它取决于成像系统的光学孔径、波长、传感器像素的大小和数量以及探测距离、环境条件等。主要用于发现、统计和鉴别裸露在地面上的设施、运载工具,监视导弹的飞行试验、大型武器装备部署以及监测大气层和外层空间的核爆炸等。

2) *声学地震学方法*

声学地震学方法是利用声波、地震波及其与物质相互作用所获取被测目标有关信息的方法。声学地震学方法在军备控制核查中的应用包括利用地震波监测地下核爆炸位置,估算核爆炸威力等。地震波与电磁辐射波有很多类似之处,在其传播的路径上经受物质的散射和吸收而衰减,最后被仪器探测到。地震波有两种类型:体波和面波。体波通过地球内的固体物质传播,又可分为 P 波和 S 波。其中 P 波是压缩形成的运动波形,S 波是横向或剪切运动的波形。面波沿地球的表面传播,也称为瑞利波或勒夫波,是瑞利波还是勒夫波取决于地震波是压缩粒子运动还是横向粒子运动占主导,在地震图上面波占主导地位。核爆地震比天然地震有较高的 P 波成分,天然地震有较高的表面波和 S 波成分,以此可发现和分辨核爆炸以及与天然地震相区别。

利用次声波可发现大气层核爆炸。大气层中的核爆炸,既可产生听得见的声波,也可产生听不见的声波,听得见的声音可传至 250 km 之外,听不见的声波衰减很小,可传播得很远,就是次声波。对地下核爆炸产生的次声波进行测量,为快速监测核爆炸提供了可能。

利用水声可监测水面、水下核爆炸。核爆是大量的能量在一个有限的空间内快速释放，可形成极强的、可传播很远的声音信号。有许多信号的时间、频率特征可用来识别核爆炸。深水中核爆信号的一些特征可用来将核爆炸与噪声相区分，① 爆炸产生的信号到达感应器时为幅度最大的峰值，通过不同路径传播的信号在不同时间达到最大值，信号不同部分之间的延迟可用来确定爆炸的位置；② 水下爆炸信号有更多高频部分，而海底地震则处于低频率带，因为地面是地震高频过滤器，因而地震高频部分较弱；③ 较深的水下爆炸可形成气泡振动、气泡脉冲，可从中检测到气泡脉冲效应。

3）电子侦察系统

电子侦察系统包括电子侦察卫星，各种截获无线电和微波通信信号的监视系统，用以侦收雷达信号并确定信号源(目标)的位置，判断目标的特性和部署情况，测定导弹试验的遥测信号，判定弹道系统的工作状态和性能等，这对核查新型导弹具有重要意义。

电子标签和光纤封记等是以电子学方法为基础的技术，已被广泛应用于对核查对象状态的变化进行持续监控。电子学技术还被用于核查过程中的“信息屏蔽”，以屏蔽掉核查过程中必须保密的信息和非核查目的需要的信息。

4）核物理方法

利用中子、γ射线和带电粒子及其与物质的相互作用可获取被探测目标很多有关物理特性的信息。例如：钚和浓缩铀是核武器中重要的必不可少的材料，作为核弹头的弹芯被密封在弹头的中心或从核弹头中拆卸下来置于密封的容器中。在对核武器类型或核武器弹芯材料核查时，通常不允许取出钚和浓缩铀直接进行测量，因为弹芯的形状涉及核武器的机密，对这种处于密封状态的核弹头、核部件和核材料进行核查时只能进行无损探测和分析：① 确认是不是钚或浓缩铀；② 确认是不是武器级的钚或浓缩铀；③ 确认钚或铀是不是武器的部件；④ 确认这种钚或铀是不是认定的有一定寿命的武器部件，而不是假冒的、新生产的钚或浓缩铀部件，因为钚或浓缩铀从产出到制成核武器，再到退役被销毁，一般要经过很多年。

对裁减下来的核武器须进行销毁，在核部件拆卸、销毁过程中要进行追踪、监视，对有关核企业的基础设施及运行状态要进行连续性的监视，以防止其进行与核武器研制有关的非法活动和核武器扩散。监视、核查中所用的无损分析技术、方法一般建立在中子、γ射线和带电粒子及其与物质相互作用的基础上。

又如大气层中的核爆炸，大量放射性物质抛入空气中，包括放射性裂变产物、未裂变的铀钚元素、武器部件微粒等。被污染的空气中的水滴、地面尘土，冷却后形成放射性烟云，在消失前会环绕地球飘逸。地下核试验也有惰性气体逐渐排放到大气中。核爆释放的放射性核素中有数十种可用于鉴别核爆炸。这些放射性核素在大气中迁移扩散、飘逸的过程与源的性质、扩散区域的地形、地貌以及不同高度、不断变化的大气风场、气候湿度、降水等有关，影响因素十分复杂，一般用大气对流的三维欧拉方程描述：

$$\frac{\partial C}{\partial t} + \nabla \cdot (\boldsymbol{u}_{\mathrm{P}} C) = 0; \quad \boldsymbol{u}_{\mathrm{P}} = \boldsymbol{u} + \boldsymbol{v} + \boldsymbol{\omega} - \frac{k}{C} \nabla C$$

式中，$\boldsymbol{u}_{\mathrm{P}}$ 是放射性气体或微粒的扩散速度，k 是扩散系数，C 是放射性微粒的浓度。下边界条件由地形、地貌数据给出；风场数据由随时间变化的气象数据给出。由此可以细致地考虑地形、地貌、气象和风场的因素，给出二维、三维空间放射性强度随时间变化、粒子浓度分布等。C 的实验值由中子、γ 射线测量给出，将放射性微粒的浓度 C 的计算值与测量值比对，可给出核爆装置特性的很多信息。

5）化学分析方法

通过在被怀疑地点现场的大气、土壤和水中取样，进行放射性核素成分的分析，可以获取有关核企业基础设施及运行状态的信息。对有关的核材料生产、研制、试验活动进行监测，对活动的性质进行识别等。

为适应军控与裁军条约核查的需要，一些国家如美国已进行了大量的投资，以发展各种核查技术，不断提高核查技术的可靠性和有效性。

10.2.3　军控与裁军条约核查的制度和手段

综观军控和裁军条约核查的历史，可以看出，在军控和裁军领域，早期缔结的一些条约、协议没有核查条款，给条约执行造成了困难，影响了条约的有效性。后期缔结的军控与裁军条约，均加进了核查条款，而且日趋精确和完善，核查的范围不断扩大，方式逐渐增多，技术水平不断提高，形成了比较完整的核查技术手段[4]。相关核查条款成了条约和协议内容的重要组成部分，其主要内容如下：

（1）通过定期通报，交换条约限制项目的基本数据和数据更新。

（2）通过展示和现场视察证实限制项目的技术特性和可识别特征。

(3) 利用国家技术手段收集违约证据。

(4) 通过现场视察验证证据,排除疑点。

(5) 通过联合国履约和视察委员会协调,解决分歧等。

获取信息的手段可分为如下几种:

(1) 国际技术手段。其指由国际组织(或条约组织)控制或多个国家共同拥有的核查技术手段,包括国际监测和分析系统。获取的核查信息有的由该组织成员国或手段拥有国共享,也可以国际共享。这类核查技术手段要提高其公正性,避免信息由少数国家垄断,造成多数技术力量较弱的国家的主权和安全利益受到损害。

(2) 国家技术手段。其指由一个国家单独拥有的核查军控和裁军条约遵守情况的侦查监视手段,包括情报手段、卫星或飞机遥感技术、电子侦查技术、地震、声学技术等。常用于探测、侦查监视有关国家的相关活动,被查方不允许进行干扰。国家技术手段包含了复杂的科学技术内容,反映了一个国家的综合技术实力。由此获取的核查信息很少与其他国家共享。各国为了维护国家的安全利益,会强化国家技术手段方面的研究与发展。

(3) 现场视察。其是现场获取的证据,以核实缔约国是否遵守相关军备控制条约或协议的核查方式,是一种直接有效的方式。但核查的入侵性较大,通常在启动程序、实施过程方面要适当加以限制,以防止被滥用。

10.2.4 核查技术发展的趋势

为适应各种军控与裁军条约核查的需要,核查技术、核查方式都在不断地发展和改进,漏报率和误警率(false alarm)会进一步降低。核查技术可能的研究和发展重点如下:

(1) 加强国家技术手段。国家技术手段今后仍会是双边或多边条约重要的核查手段。为了维护国家主权和安全利益,应强化这方面的研究和发展,其主要的技术内容及发展方向如下:① 卫星、飞机和雷达的遥感监视,其发展方向主要是提高空间分辨率和光谱分辨率;② 电子侦察系统,包括侦收、侦听和获取军事、政治、经济情报,其发展方向为增加侦收范围和对遥测信号的破译分析能力;③ 发展各种通用、专用卫星系统;④ 地震、声学技术,用于监测各种类型的爆炸。

(2) 进一步提高监测能力。现有技术手段对小型的、机动的以及秘密发展的武器系统的监测能力还比较薄弱。现在正在改进的监测手段主要是提高探测的分辨能力，扩大监测范围，缩短获得信息的时间。

（3）强化现场视察制度。增加当事国向监督机构申报的内容，扩大视察人员进入视察的范围，加强环境监测等措施以强化现场视察的作用。

（4）逐步建立先进的国际监测和分析系统，提高核查制度的公正性，避免信息由少数大国所垄断，使技术力量较弱国家的主权和安全利益受到损害。

军备控制和裁军核查技术的研究是一个蓬勃发展中的技术领域。它可保障军备控制和裁军条约得到有效执行，增强执行条约的信心，对军备控制和裁军的进程起着推动作用，同时也丰富了相关科学技术的内容。大批自然科学技术工作者参与军控核查技术研究并已取得的研究成果，标志着军控核查技术问题的研究已进入了一个新阶段。

参考文献

[1] 刘华秋. 军备控制与裁军手册[M]. 北京：国防工业出版，2002：465－467.
[2] 刘成安，伍钧. 核军备控制核查技术概论[M]. 北京：国防工业出版社，2007.
[3] Krass A S. Verification：how much is enough[R]. Stockholm：Stockholm International Peace Research Institute，1985.
[4] 刘恭梁，解东，朱剑钰. 核军备控制核查技术导论[M]. 北京：中国原子能出版社，2018.

第 11 章　核扩散与防止核扩散

国际社会通常认为更多国家拥有核武器将增加核战争爆发的可能性和非故意或非授权引爆核武器的风险，为此，防止核扩散成为国际社会致力追求的共同目标。国际防止核扩散的机制主要包括《不扩散核武器条约》以及国际原子能机构的各项保障监督措施。冷战结束后非国家行为体核扩散和核恐怖主义问题凸显，国际社会需要发展新技术、采取新措施以应对新挑战、新威胁，核取证分析方法是其中之一。

11.1　核技术的发展与核武器扩散

20 世纪 30 年代，欧洲一批著名的科学家为躲避法西斯迫害逃到美国，他们在美国原子弹研制过程中发挥了重要的作用。1939 年 8 月，由于担心法西斯德国首先研制出核武器，几位从欧洲移居美国的科学家劝说世界著名科学家爱因斯坦致函美国总统罗斯福，建议美国研制原子弹。罗斯福总统接受了爱因斯坦的建议，并于同年 10 月成立了“铀顾问委员会”，专门负责原子弹的研究工作。1940 年 6 月，“铀顾问委员会”被纳入新成立的“国防研究委员会”。该委员会的主席由著名物理学家万尼瓦尔·布什担任，他不仅是总统的首席科学顾问，而且还是美国最高决策小组的成员，这表明军事利用原子能已得到美国政府高层的重视。1941 年 10 月 9 日，美国总统罗斯福做出研制原子弹的决定。

1941 年 12 月爆发的珍珠港事件成为美国研制原子弹的催化剂。1942 年 6 月，万尼瓦尔·布什向罗斯福总统报告了研制原子弹的详细计划，并得到罗斯福总统的批准。8 月，美国启动了研制原子弹的“曼哈顿工程”。为尽早造出原子弹，美国倾注了大量的人力和物力。在“曼哈顿工程”计划中，美国直接动用约 60 万人，投资 20 多亿美元[1]。

11.1.1 核武器国家数量的增加

在研制原子弹的过程中,美国得到了英国等盟国的支持和援助,这使得美国研制原子弹的速度进一步加快。在第二次世界大战结束前,美国造出3颗原子弹。1945年7月16日,美国第一颗也是人类历史上第一颗原子弹在美国新墨西哥州的阿拉莫戈多试验场成功爆炸,美国成为第一个核武器国家。8月6日和9日,美国把剩下的两颗原子弹分别投到日本的广岛和长崎。顷刻之间,这两座城市几乎被夷为平地。原子弹爆炸所造成的毁灭性灾害令世人震惊和胆战,这是迄今为止第一次,也是唯一一次核武器的实战使用。美国对日本使用核武器无疑加快了日本无条件投降和第二次世界大战的结束。

第二次世界大战前,苏联就已开展了原子能研究工作,并取得了一些进展。第二次世界大战期间,苏联获得的有关英国和美国正在研制原子弹的情报对苏联发展原子弹产生了很大的刺激作用。根据现存的文件和回忆录判断,1942年5—6月,在得到有关原子弹的简要报告后,斯大林下决心要研制原子弹。1943年2月11日,斯大林签署了国防委员会关于苏联开始原子弹制造工作计划的决定。由于苏联境内缺少铀矿,制造原子弹的速度受到了一定影响。

原子弹所具有的巨大威力和对战争结局的影响,特别是美国敢于使用这种具有巨大杀伤力和破坏力的核武器,给苏联领导人留下了深刻的印象,并促使苏联加快了原子弹研制的步伐。到1949年6月,苏联积累了10千克钚。8月29日,在哈萨克斯坦塞米巴拉金斯克州的试验场,苏联第一颗原子弹试爆成功[2]。苏联的核爆炸打破了美国保持四年之久的核垄断,使苏联成为第二个核武器国家。

英国在核能研究方面起步较早,并且成果显著。直到第二次世界大战初期,在铀裂变研究的大部分领域,英国均处于领先地位。1941年7月,英国原子能委员会在向政府递交的一份研究报告中指出:发展铀弹的计划是可以实现的,而且可能会对战争产生决定性的后果;这项工作应以最优先的地位并以不断扩大的规模继续进行下去,以便能在最短的时间里制造出这种武器。这份报告显然对英国政府产生了影响。10月,英国政府正式成立了研制原子弹的机构,代号为“管合金计划”。然而,由于德国对英国的持续轰炸和海上封锁,对英国来说,在本土实施“管合金计划”已然非常困难。

由于担心德国和苏联抢先造出原子弹,以及出于分享制造原子弹技术的考虑,英国决定与美国在研制原子弹方面进行合作。为了利用英国的核技术以便在德国和苏联之前造出原子弹，美国早就向英国提出了两国共同研发原子弹的建议。1943 年 8 月，罗斯福与丘吉尔在加拿大魁北克会议上签订了两国联合研制原子弹的“魁北克协议”。随后英国终止其“管合金计划”而加入美国的“曼哈顿工程”计划，为美国早日造出原子弹做出了重大的贡献。第二次世界大战结束后，为了垄断核武器和防止核武器秘密外泄，美国在 1946 年 8 月通过了《麦克马洪法》，禁止向任何国家提供制造裂变材料和原子弹的信息，此举表明美国单方面废止了“魁北克协议”。然而，这未能阻挡英国独立发展核武器的想法。1947 年 1 月，英国政府做出独立研制原子弹的正式决定。英国利用通过参与美国原子弹研制计划所获得的技术和经验悄然、快速地发展自己的核武器。1952 年 10 月 3 日，英国在澳大利亚的蒙特贝洛岛附近海域成功地爆炸了原子弹，成为第三个核武器国家。

法国在第二次世界大战前就已开始进行核研究，并且取得了重大进展。在第二次世界大战中法国沦陷，使得这项研究暂时中断。直到 1945 年 10 月，戴高乐将军组建法国原子能委员会(全面负责原子能领域的工作，包括其军事应用)，法国的核研究才得以恢复。1952 年 7 月，法国国民议会批准原子能五年发展计划。上述举动为日后法国核武器发展奠定了基础。

与美国和英国不同，法国在发展核武器之初国内分歧和阻力较大，不太顺遂。1954 年 3 月，法国在印度支那战争中失败，军方有人提出应该就生产核武器作出积极的决定。12 月 26 日，法国总理皮埃尔・孟戴斯-弗朗斯召开部长级会议，决定秘密启动发展原子弹和核潜艇的研究计划。这应当是法国政府第一个发展核武器的决定。然而，六个星期后弗朗斯政府下台，妨碍了这项决定的执行。由埃德加・福尔领导的下届政府起初执行了上届政府的决定，但后来在反对核武器计划的压力下把这项决定推后了两三年。直到 1956 年法国在“苏伊士运河事件”中遭到惨败，法国内部在发展核武器问题上的态度才开始趋向一致。

1956 年 11 月 30 日，法国国防部长和负责原子能工作的国务秘书签署一份文件，指示原子能委员会就原子爆炸进行预备性研究，目的是生产原子弹和随后进行试验。1958 年 4 月，法国总理费利克斯・加利尔决定于 1960 年初进行第一次核试验[3]。6 月，戴高乐将军重返法国政坛。自 1945 年起戴高乐就积极支持法国核计划并笃信法国只有拥有核武器才能恢复其昔日的大国地位和尊严，这位强硬派人物再次上台使得法国研制核武器的步伐进一步加快。1960 年 2 月 13 日，法国在北非撒哈拉沙漠阿尔及利亚境内的拉甘试验场成功地试验了原子弹,成为第四个核武器国家。

中华人民共和国在1949年成立后便面临着十分严峻的国际安全环境。美国对中国实行敌对政策,从朝鲜半岛、台湾海峡和印度支那三个方向围堵中国,对中国形成直接的军事威胁。美国还一再扬言要对中国进行核攻击。在这种情况下,为了反对美国的核威胁和核讹诈,中国不得已走上发展核武器之路。1954年,中国地质部在广西找到了铀矿。恰在此时,苏联又表示愿意在原子能和平利用方面给中国提供技术援助。所有这些进一步增强了中国发展原子能和研制原子弹的信心。1955年中国政府作出了发展原子能事业和研制原子弹的战略决定。1956年4月25日,毛泽东在中共中央政治局会议上强调指出,中国"不但要有更多的飞机和大炮,而且还要有原子弹。在今天的世界上,我们要不受人家欺负,就不能没有这个东西"[4]。1956年春,中国政府制定了《一九五六~一九六七年科学技术发展远景规划纲要(草案)》,原子能和导弹技术被列入国家优先发展的重点项目。为了加快中国原子弹研制的速度,中国领导人希望得到苏联的帮助。几经磋商和谈判后,中苏两国在1957年10月15日签署了《关于生产新式武器和军事技术装备以及在中国建立综合性原子能工业的协定》(简称《国防新技术协定》),根据协定,苏联将向中国提供原子弹的教学模型和图纸资料。

就在中国原子弹研制工作全面展开不久,中苏关系开始恶化,苏联延缓乃至最后停止了对中国原子弹研制工作的援助。1959年6月,苏联提出暂缓按协定向中国提供原子弹的教学模型和图纸资料。到1960年8月,苏联撤走了全部在中国核工业系统工作的233名苏联专家,带走了重要的图纸资料,随即停止了设备材料的供应[5]。中国决定依靠自己的力量,独立研制原子弹。毛泽东在1960年8月中共中央工作会议上指出:"要下决心搞尖端技术。赫鲁晓夫不给我们尖端技术,极好!如果给了,这个账是很难还的。"[6]根据中央的决策,第二机械工业部提出了争取在五年内(1960—1964年)自力更生制成原子弹,并进行爆炸试验;在八年内有一定数量的储备。1961年7月16日,中共中央作出了《关于加强原子能工业建设若干问题的决定》[7]。其后,核工业建设和核武器研制得到了全国的大力支援,并取得了重大进展。1962年11月3日,毛泽东批示成立中共中央十五人专门委员会(以下简称"中央专委")①。中

① 中央专委由总理周恩来,副总理贺龙、李富春、李先念、薄一波、陆定一、聂荣臻、罗瑞卿以及国务院和中央军委有关部门的负责人赵尔陆、张爱萍、王鹤寿、刘杰、孙志远、段君毅、高扬组成,周恩来任主任。

央专委的主要任务是“加强对原子能工业生产、建设和核武器研究、试验工作的领导；组织各有关方面大力协同，密切配合；督促检查原子能工业发展规划的制订和执行情况；根据需要，在人力、物力、财力等方面及时进行调度。”[8] 在中央专委的直接指挥下，核武器研制工作顺利进行。1964 年 10 月 16 日，中国在新疆罗布泊成功地进行了原子弹爆炸试验，成为世界上第五个核武器国家。

11.1.2　核扩散危险的加剧

随着核能的不断开发和广泛利用，越来越多的国家已经或者将会掌握核能技术。核能是一把双刃剑，既可以用来发电，造福人类，也可以用于军事目的，制造核武器。由于民用核技术与军用核技术相通，这使得越来越多的国家具备了发展核武器的潜能，从而增加了出现更多的拥有核武器国家的可能性。具备发展核武器的技术能力是一国制造核武器的基础。一国是否最终造出核武器还取决于其政治决定。驱动一国发展核武器的因素主要有两个方面：一是维护国家安全利益。核武器因其巨大的毁伤效应是一种具有战略意义的武器，一国拥有核武器可以大大提高其军事实力，从而慑止敌手的威胁和攻击。二是提高国家在地区乃至世界的威望和地位。核武器不仅是一种军事武器，而且也是一种政治武器。核武器的发展已经证明，谁掌握了核武器，谁就能在国际格局中占有一席之地。

本书主要从技术角度考察一国是否具有发展核武器的能力。

20 世纪 50—60 年代，由于第二次世界大战后世界经济发展对核能需求增加，美国在核不扩散政策上由严格控制核能合作向帮助发展和平核能转变，世界核贸易市场的扩大和竞争，促进和平利用核能合作的国际原子能机构和欧洲原子能联营等的建立，使核能获得了广泛而迅速发展。越来越多的无核武器国家，包括阿根廷、比利时、加拿大、捷克斯洛伐克、西德、东德、印度、意大利、日本、荷兰、巴基斯坦、西班牙、瑞典和瑞士等，已经启动或正在建造输出功率超过 100 MW 的动力反应堆，每座这样的反应堆都能生产制造一个核爆炸装置所需的钚量。当时计划短期内开始建造核动力反应堆的国家相当多[9]。

利用核能发电的同时可以获得裂变材料，后者通常包括铀材料和钚材料。裂变材料是每一个国家核能力——不管是军事目的还是和平目的——的重要组成部分。生产核武器用裂变材料所需的原材料和技术与核电站所需的原材料和技术基本上是相通的(见图 11-1)[10]。生产电力的核动力反应堆从裂变过程中获得热量的同时,也产生了大量的钚。钚既可被用作动力反应堆的燃料又可被用作核武器的装料。生产用于大多数动力反应堆的低浓铀(^{235}U 丰度为 3%~5%)燃料的技术与生产用于核武器的高浓铀(^{235}U 丰度为 90%及以上)的技术本质上是相同的。因此核能的开发与利用,从某种角度增加了核扩散的风险。国际社会特别是美国对此极为关注和担忧,并且不断地对核扩散的走势进行预测和评估。

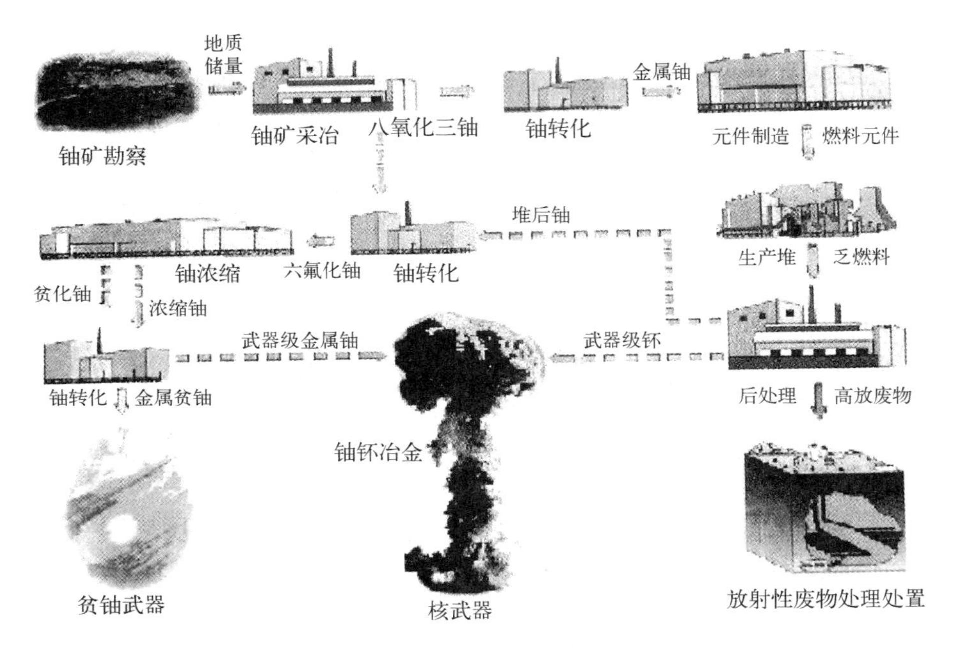

图 11-1　裂变材料生产流程

20 世纪 60 年代中期,许多资深评论家认为,随着核爆炸装置设计和制造信息不可避免地扩散及铀供应的易于获得,拥有核武器国家的数量将会增加。1963 年 3 月,美国总统约翰·肯尼迪警告说,“我看到了这种可能性,即 20 世纪 70 年代的美国总统不得不面对 15 个或 20 个或 25 个国家可能拥有核武器的世界。”根据 1968 年美国参议院外交委员会听证会记录,美国原子能委员会已把澳大利亚、加拿大、西德、印度、意大利、日本和瑞典列为这样的无核武器国家,即其工业经济可能足够支持一项制造大量相当精细的核武器及其发射系统的计划,该计划在作出决定后 5~10 年内就可以实现。此外,美国原子能委员会还把阿根廷、奥地利、比利时、巴西、智利、捷克斯洛伐克、匈牙利、以色列、荷兰、巴基斯坦、波兰、南非、西班牙、瑞士、阿拉伯联合共和国[①]和南斯拉夫列为拥有较为有限的资源但却具有潜在的核武器能力的无核武器国家。

自1957年开始到1967年《不扩散核武器条约》缔结前，美国情报部门几乎每年都对核扩散问题进行评估，并撰写和更新《国家情报评估》（National Intelligence Estimate，NIE）报告。从解密的这些报告中，能够了解当时美国情报机构对核扩散形势特别是对一些国家发展核武器潜能的判断和考量。下面以分析得较为全面和透彻的1958年《国家情报评估》报告为例，可以窥见当时核扩散形势。

这份报告首先阐述了一个国家发展核武器所需的条件。它写道，小规模的核武器发展和生产计划只需：① 一个或多个相当大的生产钚的研究堆或动力反应堆；② 获得铀的供应；③ 懂得核物理的人员。许多国家现在就能或在十年时间里将会满足这些要求。用于反应堆技术的核知识通过国家和国际和平发展原子能计划正在整个世界迅速扩散。许多国家或者已有或者将有计划发展既产生和平利用的电力又产生钚的两用反应堆。尽管高品位铀矿相对有限，但是可利用的低品位铀矿可以广泛获得。最后，武器设计的基本原理正在世界顶级科学家之间更加广泛地传播。一旦一个国家能够生产数千克钚，再加上对弹药研究和设施进行一点额外的投资，就能制造粗糙的核装置。基于上述分析，报告得出的结论是，在此后十年里，很多国家能够生产至少几枚额定当量为2万～4万吨的核武器，并能使这些武器适于飞机投掷。

报告还分别对法国、加拿大、瑞典、西德、比利时、东德、捷克斯洛伐克、印度、波兰、日本、意大利、瑞士、挪威、荷兰、中国、澳大利亚和以色列等国的核武器能力进行了评估。以法国和加拿大为例，报告认为，法国和加拿大已具有只用本国资源就能完成核武器计划的能力。法国正在进行核武器研究，在西撒哈拉正在建设核武器试验场。法国到1958年底或1959年初能生产和试验第一枚2万～4万吨的裂变武器。加拿大根据与美国的现有协议，要将其所有的钚（当时每年约40 kg）卖给美国。如果这些协议废除，加拿大就能开始重大的武器计划。基于当时正在运行和计划建造的反应堆，加拿大在1963年具有年产100 kg钚的能力，在1968年具有年产350 kg钚的能力，并且完全有能力将这项计划扩大2～4倍。加拿大在作出决定后约一年内制造和试验第一个核

---

① 1971年改为阿拉伯埃及共和国。

装置是可能的。

根据这份报告分析,如果不对这种核扩散危险采取措施进行控制的话,到20世纪60年代世界上可能会出现十几个拥有核武器的国家。严重的是,这很有可能会导致更多的国家也发展核武器,出现多米诺骨牌效应。

11.1.3 《不扩散核武器条约》的缔结

核武器国家和潜在的核武器国家的数量增加,引起了国际社会的关注和不安。人们普遍认为,核武器国家的数量每增加一个,慑止核侵略和避免核战争就会变得更加复杂,防止核武器进一步扩散就会变得更加困难,实现全面彻底裁军就会变得更加遥远。由此,国际社会为防止核扩散做出了各种不懈的努力。

1958年,爱尔兰向第13届联合国大会提交了关于防止核扩散的决议草案,呼吁大会考虑防止核武器进一步扩散的具体措施,要求当时的三个核武器国家美国、苏联和英国不向其他国家提供核武器。这项决议草案得到了苏联支持,但遭到了美国反对,于是在最后投票表决前被爱尔兰撤回。

爱尔兰没有因为第一个决议草案未得到全面支持而气馁,继续其防止核扩散的努力。1959年,爱尔兰在第14届联合国大会上又提出了经过修改的第二个决议草案。草案建议,缔结一项国际协定,核武器国家不得把核武器的控制权转交给任何无核武器国家,无核武器国家不制造核武器。对于这项决议草案,美国表示支持,苏联选择弃权。11月20日,经过激烈的辩论,联合国大会以68票赞成、零票反对、12票弃权的投票结果通过了爱尔兰提出的决议草案。

在1960年第15届联合国大会上,爱尔兰提出了第三个核不扩散决议草案。该草案经修改后由加纳、日本、墨西哥和摩洛哥共同提出。新的决议草案呼吁,核武器国家不得对任何无核武器国家放弃核武器的控制权,不得向任何无核武器国家传播制造核武器所需的信息。这项决议草案的主旨是呼吁联合国会员国缔结一项禁止无核武器国家获取独立的核能力的永久协定。对这项决议草案,苏联投了赞成票,而美国投了弃权票。12月20日,决议草案在联合国大会上以68票赞成、零票反对和26票弃权的表决结果获得了通过。

1961年,爱尔兰再次向第16届联合国大会提出经过修改的核不扩散决议草案,决议草案获得联合国大会一致通过。决议要求,缔结一项核不扩散国际协定,核武器国家承诺不向无核武器国家转让核武器的控制权和制造核武器所需的信息;无核武器国家承诺不制造核武器或不以其他方式获取核武器的控制权。这些成为后来的《不扩散核武器条约》的核心内容。自此,国际社会开始就防止核扩散国际条约的问题展开磋商。

从1962年起,条约谈判在四个渠道同时进行:第一个也是最重要的渠道是美国和苏联之间直接的双边接触;第二个是在日内瓦的十八国裁军委员会[①]关于条约文本的多边谈判;第三个是美国与其北约盟国之间就北约核防务问题的磋商;第四个是联合国大会就防止核扩散进行的多边讨论。美苏谈判的主要障碍是北约内部的核共享问题,特别是建立"多边核力量"的建议。20世纪60年代中期,美国逐渐放弃"多边核力量"计划,这为美苏两国最后达成核不扩散条约扫除了一个主要障碍。经过6年多的美苏双边和多边的艰难谈判,《不扩散核武器条约》于1968年开放供签署,在1970年生效。

《不扩散核武器条约》要求无核武器缔约国承诺不发展核武器或其他核爆炸装置。为确保无核武器缔约国履行上述承诺,条约还要求无核武器缔约国接受国际原子能机构对其所有核活动中的所有核材料实施保障监督或核查。但同时,条约也强调不得损害无核武器缔约国和平利用核能的不可剥夺的权利。

在此后的几十年里,《不扩散核武器条约》在防止核扩散方面发挥了巨大的和不可替代的作用。由于各种原因,《不扩散核武器条约》固然不能彻底制止核扩散,但确实在很大程度上延缓了核扩散的速度和缩小了核扩散的规模。在条约生效后,只有印度、巴基斯坦和朝鲜分别公开宣布进行了核试验,拥有了核武器。以色列被普遍认为也已拥有核武器。《不扩散核武器条约》对于保持这样一个低的核扩散数字发挥了重要的作用。

11.2　防止核扩散与保障监督措施的发展

技术的发展特别是核查技术的发展对防止核扩散发挥了重要的作用。防止核扩散的核查技术主要表现为以特定程序实施保障监督(safeguards)技术和措施,即对用于和平目的的核材料、核设施和核活动等实施保障监督或核

---

① 十八国裁军委员会在1961年设立。它包括5个北约成员国:加拿大、法国、意大利、英国和美国;5个华约成员国:保加利亚、捷克斯洛伐克、波兰、罗马尼亚和苏联;8个不结盟国家:巴西、缅甸、埃塞俄比亚、印度、墨西哥、尼日利亚、瑞典和阿拉伯联合共和国。美国和苏联是常任共同主席。由于法国决定不参加这一谈判机构的活动,因此十八国裁军委员会也被称为十七国裁军委员会。

查,以防转用于核武器或其他核爆炸装置。在国际原子能机构(International Atomic Energy Agency,IAEA;以下简称“机构”)于1957年成立之前,对转让的核材料和核设施等的保障监督由出口国承担和执行。机构在成立后,开始承担保障监督的职能。机构的保障监督是机构核查一个国家是否履行不将核计划和核活动转用于核武器目的的国际承诺的活动。机构制订和执行保障监督的授权源于《国际原子能机构规约》《不扩散核武器条约》、无核武器区条约、国家之间的双边协议等。经过长期发展,机构保障监督的有效性不断地得到加强,在防止核扩散方面发挥了关键作用。

11.2.1 保障监督的产生与发展

对和平目的的核活动进行保障监督以防转用于核武器的想法最早源自1945年11月15日美、英、加三国首脑会议的声明。声明指出,它们准备与其他国家分享有关原子能工业应用的详细信息,但条件是制订有效的、可执行的保障监督措施,以防其用于毁灭目的。在1946年1月24日第一届联合国大会上通过的第一个有关建立原子能委员会的决议,明确要求委员会就制订有效的保障监督措施提出建议。

最早对和平利用核能实施保障监督的是美国。1955年5月,美国与土耳其缔结了第一个和平利用原子能的合作协议。到1959年底,美国与42个国家缔结了此类协议。这些协议所要求的保障监督起初由美国、后来在许多情况下由国际原子能机构实施。美国开创了对和平利用核能进行保障监督的先例,为以后国际性和地区性的保障监督提供了有益的借鉴。

在提供核援助和核合作以加强与盟国和友国的关系和赢得发展中国家的支持方面,苏联也不甘示弱。到1968年,苏联与26个国家缔结了核合作协议。然而,在防止核合作由和平目的转用于军事目的方面,苏联所采取的做法与美国有些不同。苏联既不要求双边保障监督也不要求国际原子能机构下的保障监督,而是要求接受国必须承诺只用于和平目的,并将乏燃料运返苏联。

国际原子能机构于1957年建立,承担了对和平利用核能进行保障监督的职责。1959年,国际原子能机构理事会批准了第一个保障监督协定,内容涉及日本小型反应堆及其燃料。为了规范国际原子能机构与各国谈判的保障监督协定,国际原子能机构理事会在1961年1月31日批准了第一个保障监督体系,载于国际原子能机构文件INFCIRC/26中。该文件对保障监督的原则和终止对保障监督执行的程序等作出了规定。但是,它仅涵盖设计热功率不超过100 MW的研究、实验和动力反应堆。1964年2月26日,国际原子能机构理事会批准了扩大保障监督体系的条款,使扩大后的保障监督体系涵盖了100 MW或更大兆瓦的反应堆。这使国际原子能机构的保障监督体系扩大到包括大型反应堆设施。1965年9月28日,国际原子能机构理事会批准了经修订的保障监督体系,载于国际原子能机构文件INFCIRC/66中。1965年保障监督体系在1966年增加了专用于后处理厂的条款(INFCIRC/66/Rev. 1),在1968年又增加了专用于转换厂和制造厂的受保障监督核材料的条款(INFCIRC/66/Rev. 2)。这种保障监督体系不仅应用于所有规模的核反应堆,而且还应用于后处理厂和燃料元件制造厂。但是,它未包括浓缩厂,因为当时无核武器国家还没有浓缩厂;也未涵盖重水生产厂,因为重水不是核材料。无论是根据INFCIRC/26号文件还是根据INFCIRC/66号文件所签订的协定都是针对协定中所指定的具体物项,都属专项保障监督协定。

《不扩散核武器条约》要求无核武器缔约国接受对其领土之内、管辖之下或其控制之下的任何地方进行的所有和平核活动中的所有源材料或特种可裂变材料进行保障监督,以核查此类材料未转用于核武器或其他核爆炸装置。《不扩散核武器条约》所要求的保障监督是对无核武器缔约国的所有和平核活动的全面保障监督。然而,已有的INFCIRC/66型保障监督体系是针对规定的核材料、核设施和其他物项的,不能满足《不扩散核武器条约》提出的全面保障监督的要求。因此,在《不扩散核武器条约》生效一个月后,国际原子能机构理事会成立了一个委员会,草拟了一套适用于《不扩散核武器条约》无核武器缔约国的保障监督体系。1971年,国际原子能机构理事会批准了这套保障监督体系,载于国际原子能机构文件INFCIRC/153号——“根据《不扩散核武器条约》的要求国际原子能机构与各国之间的协定的结构和内容”中。该文件成为《不扩散核武器条约》无核武器缔约国与国际原子能机构缔结全面保障监督协定的标准。《不扩散核武器条约》无核武器缔约国与国际原子能机构签订的全面保障监督协定的基本内容必须与INFCIRC/153号文件一致,否则不会得到国际原子能机构理事会的批准。INFCIRC/153号文件是在INFCIRC/66号文件基础上对保障监督的进一步发展和完善,在保障监督的措施和执行方面都超过了以往的文件。随着《不扩散核武器条约》无核武器缔约国数量的增加,国际原子能机构的保障监督也在发展。

1991年,伊拉克秘密核武器计划曝光。伊拉克早已加入了《不扩散核武器条约》,并接受了国际原子能机构对其所有核活动中的所有核材料的全面保障监督。然而,伊拉克能在国际原子能机构“全面保障监督”之下长期秘密地从事核武器计划而未被发现,足以证明国际原子能机构的 INFCIRC/153 型全面保障监督体系存在局限性。按照全面保障监督协定的要求,缔约国应向国际原子能机构申报其所有和平核活动中的所有核材料,然后国际原子能机构对其申报的内容进行核查。也就是缔约国申报什么,国际原子能机构就核查什么。在这种情况下,国际原子能机构的全面保障监督体系只能证实缔约国已申报的核材料是否由和平目的转用于核武器,而不能证实缔约国是否存在未申报或秘密的核材料和核活动。这促使国际原子能机构考虑进一步加强其保障监督体系的有效性,特别是其探查全面保障监督协定缔约国的未申报或秘密的核材料和核活动的能力。

从 1991 年开始,国际原子能机构着手对保障监督体系进行大幅修改,以增加机构所获得的关于当事国核活动的资料,扩大机构视察员进入相关的场所和改进核查技术。这样做的目的是建立一套不仅能核查已申报的核材料的正确性,而且还能核查已申报的核材料和核活动的完整性的保障监督体系。1993 年,国际原子能机构理事会要求总干事就加强保障监督体系有效性和提高保障监督体系效率的措施的评估、制订和检验等方面提出建议。作为回应,机构秘书处启动了一项保障监督发展计划,称为“93+2 计划”(意指在 1993 年开始制订计划,打算用两年时间完成)。1995 年,机构秘书处向机构理事会提出了加强保障监督体系有效性和提高保障监督体系效率的建议。机构秘书处认为,在建议中所设想的一些措施可以在保障监督协定已经赋予机构的法律授权下实施,其他一些措施则需要额外的法律授权。这项计划被分为两部分执行。1995 年,机构理事会批准了第一部分中的加强措施和总干事继续执行这些措施的计划。第一部分增加了新的监测措施,如环境取样、在申报的设施内的关键测量点的不通知视察以及远程监测和分析等。关于“93+2 计划”的第二部分,即需要额外法律授权的措施,理事会一个特别委员会的成立为此种授权谈判一个标准范本。1997 年 5 月 17 日,机构理事会批准了附加议定书范本,并以机构文件“各国与国际原子能机构关于实施保障监督的协定的附加议定书范本”(INFCIRC/540 号文件)的方式发布。该文件要求与国际原子能机构缔结了保障监督协定的国家要采用附加议定书以补充其现有的保障监督协定。通过扩大当事国提供资料的范围和扩大国际原子能机构进入当事国场所的范围等一系列强化措施,附加议定书进一步加强了国际原子能机构保障监督体系的有效性。这不仅提高了国际原子能机构核查已申报的核材料是否从和平利用转用于核武器的能力，而且还提高了国际原子能机构探查是否存在未申报或秘密的核材料和核活动的能力，从而有利于防止核扩散和加强国际核不扩散机制。

继附加议定书范本批准之后，国际原子能机构于 1998 年启动了一项拟定和实施一体化保障监督的计划。一体化保障监督就是把全面保障监督协定和附加议定书所采用的保障监督措施整合在一起，实现最优组合。经过多方努力，到 2001 年一体化保障监督的概念框架得以确定，这为国际原子能机构在一国实施一体化保障监督提供了范本。就在这一年，一体化保障监督首次在一国即澳大利亚实施。此后，越来越多的国家接受了一体化保障监督。一体化保障监督提高了国际原子能机构保障监督体系的效率和有效性。

概而言之，对核设施和核材料实施保障监督在国际原子能机构建立之前就已出现。机构建立后，保障监督成为其主要职能之一。在半个多世纪的时间里，国际原子能机构的保障监督经历了一个逐步加强和完善的演变过程。从 1957 年机构建立到 1970 年《不扩散核武器条约》生效，机构的保障监督主要依据基于 INFCIRC/26 和 INFCIRC/66 号文件的专项保障监督协定对其所指定的核设施和核材料进行核查。从 1970 年《不扩散核武器条约》生效到 1997 年附加议定书范本(INFCIRC/540 号文件)批准，机构的保障监督主要从专项保障监督，即对所指定的核设施和核材料实施保障监督，扩大到全面保障监督(以 INFCIRC/153 号文件为基础)，即对所有和平核活动中的所有核材料实施保障监督。随着《不扩散核武器条约》缔约国数量的增加，机构的保障监督也获得了极大的发展。从 1997 年附加议定书范本批准到现在，机构的保障监督主要从全面型保障监督发展为加强型保障监督，即从只对已申报的核材料进行核查扩大到对未申报的核材料和核活动进行核查。这使机构不仅能核查已申报的核材料是否转用于核武器或其他核爆炸装置而且还能探查是否存在未申报或秘密的核材料和核活动。机构的保障监督的有效性得到了显著的提高，在防止核扩散方面发挥了关键性的作用。今后，随着和平利用核能的扩大和核扩散形势的变化，机构的保障监督将得到进一步的加强和完善。

11.2.2　保障监督的类型

机构对一国实施何种保障监督取决于该国与机构缔结了何种保障监督协

定,换言之,机构依据与一国缔结的保障监督协定在该国执行保障监督。归纳起来,保障监督协定目前主要有三种类型:全面保障监督协定、专项保障监督协定和自愿提交保障监督协定。拥有上述任何一种保障监督协定的国家还可自愿与机构缔结保障监督协定附加议定书。

11.2.2.1 全面保障监督协定

全面保障监督协定(comprehensive safeguards agreement, CSA)是对一国所有核活动中的所有核材料实施保障监督的协定,它是目前机构所执行的保障监督协定中最为普遍的。每项全面保障监督协定都要依照机构INFCIRC/153(Corr.)号文件所规定的结构和内容。根据此项保障监督协定,当事国承诺接受机构对其所有和平核活动中的所有源材料和特种可裂变材料进行保障监督。由此,机构承担确保对所有此类材料实施保障监督的相应权利和义务,目的是核查此类材料未转用于核武器或其他核爆炸装置。截至2023年5月3日,182个国家拥有生效的全面保障监督协定。

在《不扩散核武器条约》生效后不久,机构理事会批准了题为"根据《不扩散核武器条约》的要求国际原子能机构与各国之间的协定的结构和内容"的INFCIRC/153号文件,作为机构与《不扩散核武器条约》无核武器缔约国之间谈判全面保障监督协定的基础。

除了《不扩散核武器条约》要求其无核武器缔约国与机构缔结全面保障监督协定外,其他的双边或多边安排也要求其缔约国与机构缔结全面保障监督协定,包括《拉丁美洲和加勒比禁止核武器条约》《南太平洋无核区条约》、阿根廷和巴西的《共同核政策宣言》《东南亚无核武器区条约》《非洲无核武器区条约》和《中亚无核武器区条约》。事实上,加入这些条约的国家亦是《不扩散核武器条约》无核武器缔约国,其与机构谈判全面保障监督协定同样是以INFCIRC/153号文件为基础的。

INFCIRC/153(Corr.)号文件由三部分组成。第一部分规定了当事国的基本权利和义务,包括基本承诺、保障监督的实施、机构与当事国之间的合作、保障监督的执行、国家核材料衡算和控制系统、向机构提供资料、机构视察员、特权和豁免、保障监督的终止、对用于非和平活动的核材料不实施保障监督、财务、核损害的第三方责任、国际责任、关于不转用的核查措施、协定的解释与实施以及争端的解决和最后条款等内容。第二部分阐明了履行第一部分保障监督条款所适用的程序,包括导言、保障监督的目标、国家核材料衡算和控制系统、保障监督的起点、保障监督的终止、保障监督的豁免、辅助安排、存量、设计资料、关于设施外核材料的资料、记录制度、报告制度、视察、关于机构核查活动的说明和国际转让等内容。第三部分给出了该文件所涉及的术语的定义，包括调整、年通过量、批、批数据、账面存量、校正、有效千克、浓缩度、设施、存量变化、关键测量点、视察人·年、材料平衡区、不明材料量、核材料、实物存量、发货方/收货方差额、原始数据和战略点等内容。

值得注意的是，许多缔结了全面保障监督协定的国家只有很少或没有核材料和在设施中没有核材料。对于这类国家，机构仍然按照全面保障监督协定的所有保障监督程序执行保障监督，实属没有必要。于是，机构对在这类国家中执行全面保障监督协定的程序进行了简化。1974 年 8 月，机构理事会制定了一个适用于这类国家的小数量议定书(small quantities protocol，SQP)范本，载于 GOV/INF/276 号文件中。许多拥有很少或没有核材料和核活动的国家与机构缔结了全面保障监督协定的小数量议定书。根据这份文件，拥有小数量议定书的国家暂不执行全面保障监督协定第二部分中的大部分保障监督程序，只要该国符合规定的资格条件。根据 GOV/INF/276 号文件，一国与机构缔结小数量议定书的资格条件是，该国拥有的核材料在数量上不超过 INFCIRC/153 (Corr.)号文件第 37 段中规定的限制和该国在设施里没有核材料。

基于原始文本的小数量议定书存在一些弱点，如不要求当事国向机构提供有关所有受保障监督核材料的初始报告。另外，随着核扩散的危险和核恐怖主义的威胁日趋加剧，机构加大了旨在防止核扩散和核恐怖主义的保障监督力度，也对小数量议定书进行了重新审视和严格控制。机构理事会于 2005 年 9 月决定，尽管小数量议定书仍应成为保障监督体系的一部分，但是小数量议定书的原始文本应予修订和缔结小数量议定书的资格条件应予修改。理事会还决定，此后将只批准以修订文本为基础的小数量议定书文本。理事会授权总干事与有小数量议定书的所有国家完成换文，以使这些修订生效。修订的小数量议定书(ModSQP)载于 GOV/INF/276/Mod. 1and Corr. 1 号文件中。根据该文件，一国拥有修订的小数量议定书的资格条件是，该国拥有的核材料在数量上不超过 INFCIRC/153 (Corr.)号文件第 37 段中规定的限制和该国没有作出建造或批准建造设施的决定。

在 2005 年后，机构开始与每个拥有小数量议定书的国家换文，以使修订文本生效或废除其小数量议定书(如果其不符合新的资格条件)。截至

2022年12月31日，77个国家拥有正在执行的生效的小数量议定书，这些小数量议定书均基于修订的标准文本；22个国家拥有原初标准文本的小数量议定书。

11.2.2.2 专项保障监督协定

专项保障监督协定(item-specific safeguards agreement)是只对该协定所规定的核材料、设施或设备实施保障监督的协定。它以INFCIRC/66/Rev. 2号文件的条款为基础。这类协定对核材料、非核材料(如重水、锆管)、设施、重水生产厂以及核相关设备实施保障监督作出了规定。根据这类协定，机构被要求确保核材料和其他规定的物项不用于核武器或其他核爆炸装置或推进任何军事目的。目前，机构在印度、巴基斯坦和以色列三个《不扩散核武器条约》非缔约国执行这类保障监督协定。

INFCIRC/66/Rev. 2号文件由总则、需要实施保障监督的情况、保障监督程序、定义四个部分和两个附件组成。第一部分“总则”阐明了本文件的目的、机构的义务、实施保障监督的原则。在第二部分“需要实施保障监督”的情况中，该文件列出了需要接受保障监督核材料，本应接受保障监督核材料可免除保障监督的条件和本应接受保障监督的与反应堆有关的核材料可免除保障监督的条件。它还列出了受保障监督核材料暂停保障监督的条件，受保障监督核材料终止保障监督的情况和受保障监督核材料运出当事国的条件。第三部分对保障监督的程序作出了规定。这些程序包括设计审查、记录、报告和视察等。关于设计审查，该文件规定，机构应对基本核设施的设计进行审查，当事国必须提交足够供审查用的设计资料。关于记录，该文件规定，当事国应就如何做好基本核设施以及此类设施之外的所有受保障监督核材料的记录作出安排。记录应包括所有受保障监督核材料的衡算记录和基本核设施的运行记录。所有记录应至少保留两年。关于报告，该文件规定，当事国应向机构提交受保障监督核材料在基本核设施内或外的生产、处理和使用情况的报告。报告包括例行报告和专门报告。关于视察，该文件规定，机构可以视察受保障监督的核材料和受保障监督的基本核设施。实际进行视察的次数、持续时间和强度应保持在与有效实施保障监督相一致的最低限度。视察包括例行视察、基本核设施的初始视察和专门视察。此外，该文件还对专用于反应堆的保障监督程序和专用于基本核设施以外受保障监督核材料的保障监督程序作出了具体规定。第四部分对该文件中出现的17个概念或术语进行了界定。附件Ⅰ制订了针对后处理厂实施保障监督的补充程序。附件Ⅱ制订了针对转换厂和制造厂中受保障监督核材料的补充程序。

11.2.2.3　自愿提交保障监督协定

自愿提交保障监督协定(voluntary offer agreement，VOA)是核武器国家自愿将其全部或部分民用核设施提交机构实施保障监督的协定。《不扩散核武器条约》要求无核武器国家接受机构的保障监督，并未要求核武器国家接受机构的保障监督。然而，5个核武器国家美国、俄罗斯、英国、法国和中国已经分别与机构缔结了自愿提交保障监督协定。机构在核武器国家执行保障监督，既可检验新的保障监督方法，可为机构提供难得的保障监督经验(通过核查核武器国家先进的核燃料循环设施)，又可满足无核武器国家对核武器国家的一些设施也应接受保障监督的期望。

自愿提交保障监督协定通常依照INFCIRC/153(Corr.)号文件的格式，但在材料和设施的范围方面与其有所不同。INFCIRC/153(Corr.)号文件要求对所有和平核活动中的所有源材料或特种可裂变材料实施保障监督，而自愿提交保障监督协定则把具有国家安全重要意义的材料和设施排除在外。

根据自愿提交保障监督协定，核武器国家应接受机构对其所指定的和平核设施里的所有源材料或特种可裂变材料实施保障监督，以使机构能核查这类材料在接受保障监督期间未从这些设施中撤出(另有规定的除外)。核武器国家应向机构提供一份上面所述的设施清单，但可在清单上增加或删除一些设施。机构从核武器国家提供的设施清单上挑选机构希望实施保障监督的设施，并通知核武器国家。然后，机构开始对其所选定的设施执行保障监督。机构对这些设施执行保障监督所采用的程序和方法与INFCIRC/153(Corr.)号文件所规定的保障监督程序和方法基本上是一致的。

11.2.2.4　附加议定书

附加议定书(additional protocol)是机构与一国或国家集团依照INFCIRC/540号文件的条款缔结的附加于保障监督协定的议定书。INFCIRC/540号文件是为与机构缔结了保障监督协定的国家设计的附加议定书范本，目的是加强机构保障监督体系的有效性和提高机构保障监督体系的效率，以实现全球防止核扩散的目标。截至2020年3月31日，141个国家及欧洲原子能共同体拥有生效的附加议定书。

附加议定书范本(INFCIRC/540号文件)由前言、序言、18项条款和两个附件组成。在前言中,该文件对不同类型保障监督协定的附加议定书提出了不同的要求。对于全面保障监督协定,其附加议定书要以 INFCIRC/540 号文件作为标准,要包含该文件中的所有措施。对于自愿提交的保障监督协定,其附加议定书要包含该文件中被核武器国家认定能促进实现议定书的不扩散和效率目标并符合根据《不扩散核武器条约》第 1 条所承担义务的那些措施。对于专项保障监督协定,其附加议定书只包含该文件中被有关当事国同意接受的那些措施。在序言中,该文件写道,机构在实施保障监督时必须考虑下述必要性:避免妨碍当事国的经济和技术发展或和平核活动的国际合作;遵守卫生、实物保护和其他安保的规定;采取一切预防措施保护商业、技术和工业秘密以及其他保密资料。18 项条款包括议定书与保障监督协定的关系(第 1 条)、提供资料(第 2～3 条)、补充接触(第 4～10 条)、机构视察员的指派(第 11 条)、签证(第 12 条)、辅助安排(第 13 条)、通信系统(第 14 条)、机密资料的保护(第 15 条)、附件(第 16 条)、生效(第 17 条)和定义(第 18 条)。附件 Ⅰ 是议定书第 2. a. (iv)条所提及的活动清单,附件 Ⅱ 是按第 2. a. (ix)条所规定的通报进出口情况的设备和非核材料的清单。

与全面保障监督协定相比,附加议定书范本具有四个关键性的变化。① 当事国向机构提供的资料的数量和种类大大扩大。除了要求提供核燃料和核燃料循环活动的资料外,当事国现在必须就一系列广泛的核相关活动提供扩大的申报。当事国还必须向机构报告其核供应国集团触发清单上的物项的所有贸易。② 机构视察和监测的设施的数量和类型大大超过以前的水平。为了解决当事国提供的有关其核活动的资料的疑问和不一致,新的视察机制给机构提供了补充进入机构所指定的任何场所,以及在扩大申报中所指定的所有设施。通过缔结附加议定书,当事国实际上确保机构临时通知进入其已申报和未申报的所有设施,以确保不存在未申报的核材料和核活动。③ 通过改进视察员的签证程序(在通知一个月内获得至少一年有效的多次入境/出境和/或过境签证),机构进行临时通知视察的能力大大提高。④ 附加议定书为机构提供了在视察已申报和未申报的场址过程中进行环境取样的权利。它还允许在广泛的区域进行环境取样,而不限于指定的设施。

附加议定书的实质是要重新打造机构的保障监督体系,把它从一个注重衡算核材料的已知量和监测已申报活动的定量体系变为一个注重将一国的核与核相关活动(包括所有核相关进口和出口)聚合成一幅综合画面的定性体系。通过向机构提供更多的核燃料循环和核相关活动各方面的资料和视察任何设施(已申报的和未申报的)的授权,附加议定书扩大了机构核查秘密核设施的能力,提高了机构保障监督体系的有效性。附加议定书为机构提供了核查一国已申报的核材料和核活动的正确性和完整性的新的重要手段。这使机构不仅可以对已申报的核材料未被转用提供可靠的保证,而且还可以对不存在未申报或秘密的核材料和核活动提供可靠的保证,从而有助于防止核扩散。

需要指出的是,除了实施上述种类的保障监督之外,机构在一些国家还执行了一体化保障监督(integrated safeguards)。按照《国际原子能机构保障监督术语》给出的定义,一体化保障监督是指国际原子能机构根据全面保障监督协定和附加议定书所采用的全部保障监督措施的最优组合,以在可利用的资源范围内在履行国际原子能机构保障监督义务方面实现最大程度的有效性和效率。机构制订了一体化保障监督的概念框架。概念框架由一套指导一体化保障监督设计、实施和评价的保障监督概念、方案、准则和标准组成。一体化保障监督的实施把从视察活动节省下来的资源再分配到其他措施上,诸如国家评价和补充接触,用以探查未申报的核材料和核活动,从而提高机构保障监督的效率。并不是任何国家都能实施一体化保障监督,只有满足下列资格条件的国家才能实施一体化保障监督:全面保障监督协定和附加议定书都已生效;机构在根据全面保障监督协定和附加议定书所进行的活动基础上已经得出已申报的核材料未被转用和不存在未申报的核材料和核活动的结论;制订并核准国家级一体化保障监督方案。随着全面保障监督协定和附加议定书生效的国家的增加,实施一体化保障监督的国家也越来越多。2022 年,机构在 69 个国家实施了一体化保障监督。

11.2.3　保障监督的程序

在机构与当事国缔结的保障监督协定生效后,机构就开始按照该协定保障监督程序的规定对当事国实施保障监督。不同类型的保障监督协定对保障监督程序的规定虽不完全相同,但大体上相通。相比较而言,全面保障监督协定对保障监督程序的规定最为全面和复杂,覆盖并超出了其他保障监督协定的保障监督程序。这里就以全面保障监督协定所规定的保障监督程序为范式对全面保障监督协定和专项保障监督协定以及附加议定书的主要保障监督程序进行阐述。

11.2.3.1 保障监督的目标

机构有义务实现与各类保障监督协定相关的保障监督目标(objective of safeguards)。对于全面保障监督协定,总目标是确保所有和平核活动中的所有源材料或特种可裂变材料未转用于核武器或其他核爆炸装置[INFCIRC/153(Corr.)号文件第1和2段]。就这一点而言,技术目标被定为及时查出是否有重要量(significant quantity, SQ)的核材料从和平核活动转用于制造核武器或其他核爆炸装置或转用于其他未知目的,并通过早期查出这种危险性来慑止这种转用[INFCIRC/153(Corr.)号文件第28段]。在20世纪90年代初,伊拉克被发现未申报的核活动,凸显了当时执行保障监督的局限性。这表明,若要实现全面保障监督协定的总目标,有必要继续追求第二个技术目标,也就是探查当事国是否存在未申报的核材料和核活动。显然,这需要完全不同于及时查出已申报的核材料转用所需的方法。根据附加议定书所执行的保障监督措施极大地加强了机构实现这一技术目标的能力。

对于以INFCIRC/66/Rev.2号文件为基础的专项保障监督协定,保障监督的目标是确保所指定的和置于保障监督之下的核材料、非核材料、服务、设备、设施和信息不用于制造核武器或任何其他核爆炸装置或推进任何军事目的。为达此目标,机构在探查所指定的和置于保障监督之下的核材料是否被转用以及探查所指定的和置于保障监督之下的非核材料、服务、设备、设施和信息是否被滥用方面采用了与全面保障监督协定实质上相同的技术目标。

11.2.3.2 国家核材料衡算和控制系统

国家核材料衡算和控制系统(state system of accounting for and control of nuclear material, SSAC)既有对当事国内核材料进行衡算和控制的国家目标,又有为机构根据保障监督协定执行保障监督提供基础的国际目标的国家级组织安排。各国包括有小数量议定书的国家应建立和维持按保障监督协定受保障监督核材料的衡算和控制系统。根据全面保障监督协定,当事国应建立和维持按本协定受保障监督的所有核材料的衡算和控制系统,机构实施保障监督的方式应使机构能够核查当事国的衡算和控制系统的所得结果,以查明不曾把核材料从和平用途转用于核武器或其他核爆炸装置[INFCIRC/153(Corr.)号文件第7段]。该系统应以材料平衡区的结构为基础,并应按辅助安排中的规定适当地采取措施,以建立下列手段:① 一个测量系统,用来确定收到、生产、运送、损失或以其他方法从存量中挪走的核材料量和库存数量；② 对测量的精密度和准确度的评价及测量不确定因素的估计；③ 关于确定、审查和评价发货方和收货方测量差额的程序；④ 关于进行实物盘存的程序；⑤ 关于评价未测定存量和未测定损耗的累积量的程序；⑥ 表明各材料平衡区的核材料存量和包括材料平衡区进料和出料在内的该存量变化的记录和报告系统；⑦ 关于确保正确运用衡算程序和安排的规定；⑧ 关于根据第五十七条至六十三条，第六十五条至六十七条向机构提供报告的程序［INFCIRC/153(Corr.)号文件第 32 段］。核材料衡算被用作一项基本的保障监督措施。

基于 INFCIRC/66/Rev. 2 号文件的专项保障监督协定虽然没有明确要求当事国建立和维持核材料衡算和控制系统，但是该文件要求机构与当事国就每一设施和此种材料商定的记录制度与就每一设施和此类设施外受保障监督核材料的报告制度达成一致(INFCIRC/66/Rev. 2 号文件第 33 和 37 段)，这意味着需要一个适当的国家级组织安排。

11.2.3.3　设计资料

根据全面保障监督协定，为了确保本协定规定的保障监督的有效执行，当事国应向机构提供有关按本协定受保障监督核材料的资料和与对这类材料实施保障监督有关的设施的特点的资料［INFCIRC/153(Corr.)号文件第 8 段］。向机构提供的各设施的设计资料应包括：① 设施的识别标志，说明其一般特性、用途、额定容量、地理位置以及为日常业务所用的名称和地址；② 设施总平面布置的说明，尽可能地列出核材料的形状、位置和流量以及使用、生产或加工核材料的重要设备项目的总布局；③ 与材料衡算、封隔和监视有关的设施特点的说明；④ 关于设施内现有的和拟采用的核材料衡算和控制程序的说明，特别是关于运营者确定的材料平衡区、流量测定及实物盘存程序的说明［INFCIRC/153(Corr.)号文件 43 段］。

根据专项保障监督协定，当事国应向机构提交有关主要核设施的设计资料以使机构能够在尽可能早的阶段对主要核设施的设计进行审查，其目的只为查明该设施将允许有效地实施保障监督(INFCIRC/66/Rev. 2 号文件第 30～32 段)。当事国采用机构设计资料调查表向机构提交设计资料。

11.2.3.4　记录制度

全面保障监督协定规定，在建立国家核材料衡算和控制系统时，当事国应安排保存有关各材料平衡区的记录。当事国应作出各种安排，以便视察员审查记录。记录应至少保存五年。记录应包括如下内容：① 按本协定受保障监督的所有核材料的衡算记录；② 含有这类核材料的设施的运行记录［INFCIRC/153(Corr.)号文件第51～54段］。衡算记录(accounting records)是每个设施或设施外场所(location outside facilities, LOF)所保存的一套数据，说明现存的各类核材料的数量、在设施内(或设施外场所)的分布情况以及影响它的任何变化。运行记录(operating records)是每个设施在与使用或处理核材料的相关设施运行时所保存的一套数据。

专项保障监督协定也对记录制度做出了规定，但比全面保障监督协定对记录制度所作的规定笼统得多。根据专项保障监督协定，当事国应为保存有关主要核设施和此类设施外的所有受保障监督核材料的记录做出安排。为此，当事国与机构应就每个设施和此种材料商定一套记录制定。记录应包括如下内容：① 所有受保障监督核材料的衡算记录；② 主要核设施的运行记录。所有记录应至少保存两年(INFCIRC/66/Rev. 2号文件第33、35和36段)。

11.2.3.5 报告制度和提供资料

1）报告制度

根据全面保障监督协定，当事国应向机构提供有关按本协定受保障监督核材料的各种报告。这些报告应以根据记录制度的规定而保存的记录为基础进行编写，并应包括衡算报告和专门报告。关于衡算报告(accounting reports)，当事国应向机构提供关于按本协定受保障监督的所有核材料的初始报告和各材料平衡区的衡算报告。关于专门报告(special reports)，遇有下述情况，当事国应毫不拖延地提出专门报告：① 如果任何异常事故或情况使当事国认为，核材料现有的或可能有的损失超过了辅助安排为此目的所规定的限额；② 如果封隔意外地从辅助安排所规定的状况改变到了有可能不经批准转移核材料的程度。

根据专项保障监督协定(INFCIRC/66/Rev. 2号文件第37～44段)，当事国应向机构提交有关在主要核设施内或外的受保障监督核材料的生产、处理和使用情况的报告。为此，当事国与机构应就每个设施和此类设施外的受保障监督核材料商定一套报告制度。这些报告包括例行报告(衡算报告和运行报告)和专门报告。例行报告(routine reports)应以所编制的记录为基础，并应包括：① 说明所有受保障监督核材料的接收、运出、存量和使用情况的衡算报告；② 说明每个主要核设施自上次报告以来的使用情况的运行报告。关于专门报告，如遇下述情况，当事国应毫不拖延地向机构报告：① 发生了涉及任何受保障监督核材料或主要核设施已经或可能损失或毁坏（或损毁）的任何异常事件；② 有充足理由认为受保障监督核材料损失或不明的数量超过了已被机构接受为该设施参数的正常运行和操作损失量。

2）提供资料

提供资料是根据附加议定书，当事国在保障监督协定的基础上向机构提供的补充资料。

11.2.3.6　视察和补充接触

1）视察

根据全面保障监督协定，机构可进行三种类型的视察（inspection）：特别视察、例行视察和专门视察。特别视察（ad hoc inspection）旨在核实有关按本协定受保障监督核材料的初始报告中所包括的资料；查明和核实自初始报告之日起所发生的情况变化；在核材料转出当事国前或转入当事国时，查明和如有可能核实其数量和组成。例行视察（routine inspection）旨在核查报告是否与记录一致；核实按本协定受保障监督的所有核材料的位置、标记、数量和组成；核实关于说明不明材料量、发货方和收货方量差以及账面存量不准确性的可能原因的资料。专门视察（special inspection）是在 INFCIRC/153 号文件第 78～82 段规定的例行视察工作之外增加的视察，或在 INFCIRC/153 号文件第 76 段规定的特别视察和例行视察接触范围之外增加的接触资料和场所的视察，或两者兼而有之的视察。为核实专门报告所包括的资料或如果机构认为当事国所提供的资料（包括当事国所作的解释和从例行视察所获得的资料）不足以使机构履行其按本协定规定的职责，机构可以按当事国与机构磋商的程序进行专门视察。此外，INFCIRC/153 号文件第 84 段还对不通知视察（unannounced inspection）作出了规定：作为一项补充措施，机构可以不经预先通知而按随机抽样原则进行部分例行视察。

全面保障监督协定还对视察范围和视察场所等作出了规定。全面保障监督协定还规定了例行视察的频率和强度。全面保障监督协定对机构视察员的指派、行为和活动也均作出了规定。在机构视察员视察结束后，机构应通知当事国：① 视察的结果；② 机构从其对该国的核查活动中所得的结论，特别是根据关于各材料平衡区的报表所得的结论。

根据专项保障监督协定，机构可以视察受保障监督核材料和主要核设施。视察的目的应是核查保障监督协定的遵守情况，协助当事国遵守此类协定和解决执行保障监督过程中所出现的问题。机构可以进行初始视察、例行视察和专门视察。

2）补充接触

补充接触是当事国按照附加议定书的规定向机构视察员提供的接触。INFCIRC/540号文件对补充接触的目的、预先通知、范围和活动以及受管接触等均作出了规定。此外,当事国应向机构提供对机构所指定的场所的接触,以进行大范围环境取样。但是,这种接触要在机构理事会批准和机构与当事国磋商后进行。

综上所述,全面保障监督协定和专项保障监督协定均对视察作出了各自的规定。已申报的和置于机构保障监督之下的核材料和核活动是否转用于核武器或其他核爆炸装置需要机构经过实地核查才能确定。视察是机构保障监督的一个极其重要的环节和方法。附加议定书的补充接触实际上是对全面保障监督协定和专项保障监督协定所规定的各种视察的补充。一些国家秘密核武器计划的被发现证实,机构根据各种保障监督协定所执行的各类视察不足以查出当事国是否存在未申报或秘密的核材料和核活动。在保障监督协定所规定的各种视察基础上,附加议定书所增加的补充接触可使机构视察员接触核燃料循环的所有部位、场址的所有建筑物、核燃料循环的研究和开发活动等,从而进一步扩大了机构对当事国设施、场所、场址的进入视察范围,进一步强化了机构的核查措施。更重要的是,附加议定书允许机构视察员收集环境样品的规定超越了以往进行针对场所的环境取样。环境取样是机构用以确保不存在未申报的核材料和核活动的保障监督措施之一。

保障监督协定的视察制度加上附加议定书的补充接触,不仅能使机构查出已申报的核材料是否转用于核武器或其他核爆炸装置,而且能使机构探查是否存在未申报或秘密的核材料和核活动,从而有助于防止核扩散。

11.2.3.7 保障监督结论

保障监督结论是由机构基于其核查和评估活动的结果所得出的结论。对每个拥有生效的保障监督协定的国家,尤其是对拥有生效的全面保障监督协定和附加议定书的国家,均要作出保障监督结论。这些结论在机构年度保障监督执行情况报告(safeguards implementation report,SIR)中向各国集中报告。不遵守保障监督协定的情况也要写入保障监督执行情况报告中。保障监督结论根据所生效的保障监督协定有所不同。

对于拥有生效的专项保障监督协定（基于 INFCIRC/66/Rev. 2 号文件）的国家、机构所作的结论只与实施保障监督的核材料、设施或其他物项有关。对于这类国家的结论在保障监督执行情况报告中是作为一个集体结论写入报告的，即实施保障监督的核材料、设施或其他物项仍然用于和平活动。

对于拥有生效的自愿提交保障监督协定的国家、机构所作的结论仅涉及在选定的设施中执行保障监督的核材料。对于这类国家的结论在保障监督执行情况报告中是作为一个集体结论写入报告的，即除该协定另有规定外执行保障监督的核材料未被撤出，并仍用于和平活动。

对于拥有生效的全面保障监督协定和附加议定书的国家、机构要作出较为广泛的结论：当事国的所有核材料已置于保障监督之下，并仍用于和平活动，否则另有充分的说明。为能得出这一结论，机构必须作出置于保障监督之下的核材料未转用和不存在未申报的核材料和核活动的结论。当根据附加议定书所执行的活动得以完成时，当有关的疑问和不一致得到解决时，当机构根据其判断没有发现构成保障监督担忧的任何迹象时，才能作出不存在未申报的核材料和核活动的结论。

对于拥有生效的全面保障监督协定但没有附加议定书的国家，机构所作的结论仅涉及没有发现已申报的核材料从和平活动转用的任何迹象（包括已申报的设施或设施外场所没有被滥用）。这个结论在保障监督执行情况报告中作为一个集体结论写入报告，即已申报的核材料仍然用于和平活动。

几十年来，机构的保障监督成功地防止了已申报的核材料转用于核武器，保障监督的范围已扩大到探查未申报或秘密的核材料和核活动。世界上接受机构保障监督的国家越来越多。2022 年，机构在 188 个国家（未包括朝鲜）执行保障监督，其中 134 个国家拥有生效的附加议定书，进行了 2 975 次保障监督视察。目前，机构的保障监督不仅能使机构核查一国已申报的核材料未转用于核武器或其他核爆炸装置，而且能使机构探查一国不存在未申报的或秘密的核材料和核活动。机构所具有的核查能力为受保障监督核材料、核设施和核活动等未转用于核武器或其他核爆炸装置提供了保证，从而增加了国家之间在履行核不扩散义务方面的透明度和信任度。实际上，国际原子能机构的保障监督体系基本等于国际核不扩散核查体系，在防止核扩散方面发挥了至关重要的作用。

11.3 核取证(核法证)分析方法

非法贩卖和走私核材料以及其他放射性物质将增加核扩散和核恐怖主义的危险。为了对抗这一威胁,核取证学应运而生。

核取证学研究的内容是,对截获的非法贩卖和走私的核材料或其他放射性物质及其相关材料作属性分析,与相关信息情报数据库作比对,找出相关材料样品的物理特性、年龄、出处(反应堆、核动力厂、核材料厂等)、失控过程,重建材料样品的历史,提供证据;追溯犯罪分子幕后单位、组织、参与人员,以此阻止和预防核恐怖事件,并构成对核恐怖主义分子的威慑。

核取证分析方法(the nuclear forensic analysis)是在放射性材料探测和属性研究的基础上,发展出的一系列新的科学技术手段[11]。近年来核取证学已由截获的核走私物质分析取证,进一步扩展到核爆炸与核脏弹爆炸产物的取证分析。爆炸后的现场有很大的剂量,但往往不能进入或不能及时进入现场,增加了取证的复杂性和困难。

核取证分析是为了防止恐怖分子得到核武器、制造核武器有关的材料、放射性材料,包括动力堆中的放射性乏燃料和一般民用放射性材料,用来危害社会。

为此,要尽可能从走私核材料和相关的非核材料的属性信息中得到与其产生的历史、环境相关的线索,从而有助于追踪其走私的途径,并对其造成的现实的和潜在的危害和威胁作出评估,以回答下列问题。

(1) 核材料的类型:堆级核材料、武器级核材料、乏燃料、民用放射性材料。

(2) 由合法到非法所经的途径。

(3) 材料来自什么地区、国家、机构。

(4) 材料的生产和转移所涉及的国家单位及人员。

(5) 事件的性质:孤立的事件还是系列事件?

(6) 走私材料的意图、用途,所包含的现实的和潜在的危险。

用灵活多变的综合性科学技术手段和广泛的知识领域,以精确测得的数据和情报中所得到的信息为依据,对事件做出正确的分析和判断。快速地作出反应,将其绳之以法,以防止恐怖事件的发生,减轻其危害的程度。

核取证分析方法研究涉及材料的物理、化学、生物学属性等多方面的知识，已形成了一门特殊的、新的学术研究领域。美国洛斯·阿拉莫斯国家实验室制订了核取证分析方法的程序和方案[12]，如图 11-2 所示。

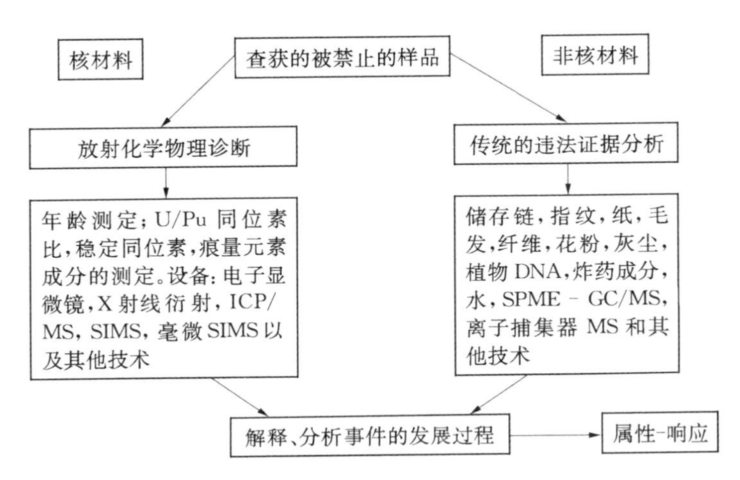

图 11-2　核取证分析方法的程序和方案

11.3.1　堆型与产生钚的同位素成分

核材料及相关的非核材料属性及生产方法的认证对查实材料的用途、来源、涉及的国家单位及人员是十分必要的。例如，用不同的投料进行铀的浓缩，^{235}U 的浓缩度虽相同，但其产品的同位素成分却不相同，如表 11-1 和图 11-3 所示。

表 11-1　不同的投料对生产 3.5% ^{235}U 低浓铀其他同位素成分百分含量的比较

典型的铀同位素成分的比较						
同位素	天然铀		商业用天然铀①		循环用铀②	
	进　料	产物料	进　料	产物料	进　料	产物料
^{234}U	0.005 4	0.033	0.005 4	0.033	0.020	0.11
^{235}U	0.711	3.5	0.711	3.5	0.78	3.5
^{236}U	0.000	0.000	0.002	0.007	0.49	1.6

注：① 商业级天然铀含 0.002%的^{236}U。
② 燃耗为每吨铀 40 GW·d 的 LWR 辐照过的 3.5%的循环用铀。其中，Gw·d 为吉瓦·天，即每天释放的能量。

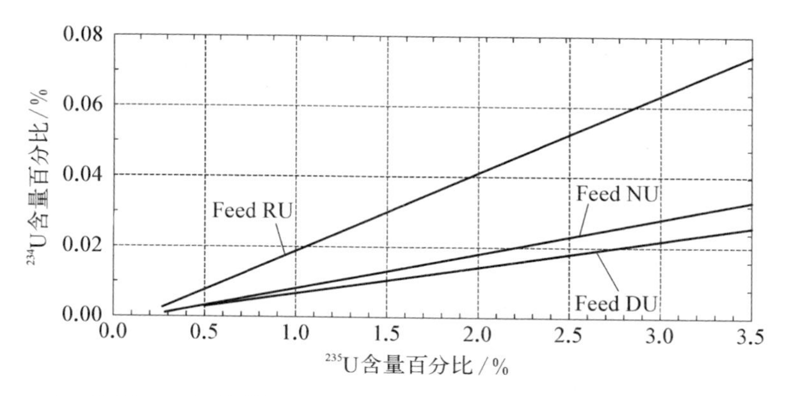

Feed RU—循环用铀投料;Feed NU—天然铀投料;Feed DU—贫化铀投料。

图 11-3　铀浓缩成分模拟计算

由表11-1和图11-3可知,铀浓缩时不同的投料,在同样^{235}U浓缩度下,产品所含^{234}U、^{236}U成分是不同的。由此可从材料的成分获得材料生产投料及其所用浓缩设备的某些信息。同样,在不同类型的反应堆和不同燃耗下生成的钚,其同位素成分也是不同的,由此可获得钚生产堆的类型、能谱和卸出的乏燃料燃耗情况等的某些信息,如表11-2和图11-4所示。

表 11-2　堆燃耗与钚同位素成分百分含量关系的数据

燃　耗	非常低燃耗	低燃耗	高燃耗	MOX燃耗
^{238}Pu	<<	0.05	2.1	2.4
^{239}Pu	99.2	94.1	53.6	33.3
^{240}Pu	0.8	5.2	23.5	33.9
^{241}Pu	0.004	0.7	13.9	17.3
^{242}Pu	>0.001	0.02	6.9	13.1
U/Pu	4 800	680	95	21
(每吨铀)GW·d	0.4	3	40	40

由表11-2可知,在堆的不同燃耗下所产生的钚的同位素成分有显著的差别。产钚堆的燃耗越高,产出钚所含^{239}Pu成分越少,^{240}Pu、^{241}Pu、^{242}Pu成分越多。由图11-4可知,反应堆能谱越软,产出钚所含钚的高相对原子质量的成分越多,即^{241}Pu/^{240}Pu与^{242}Pu/^{240}Pu越大。

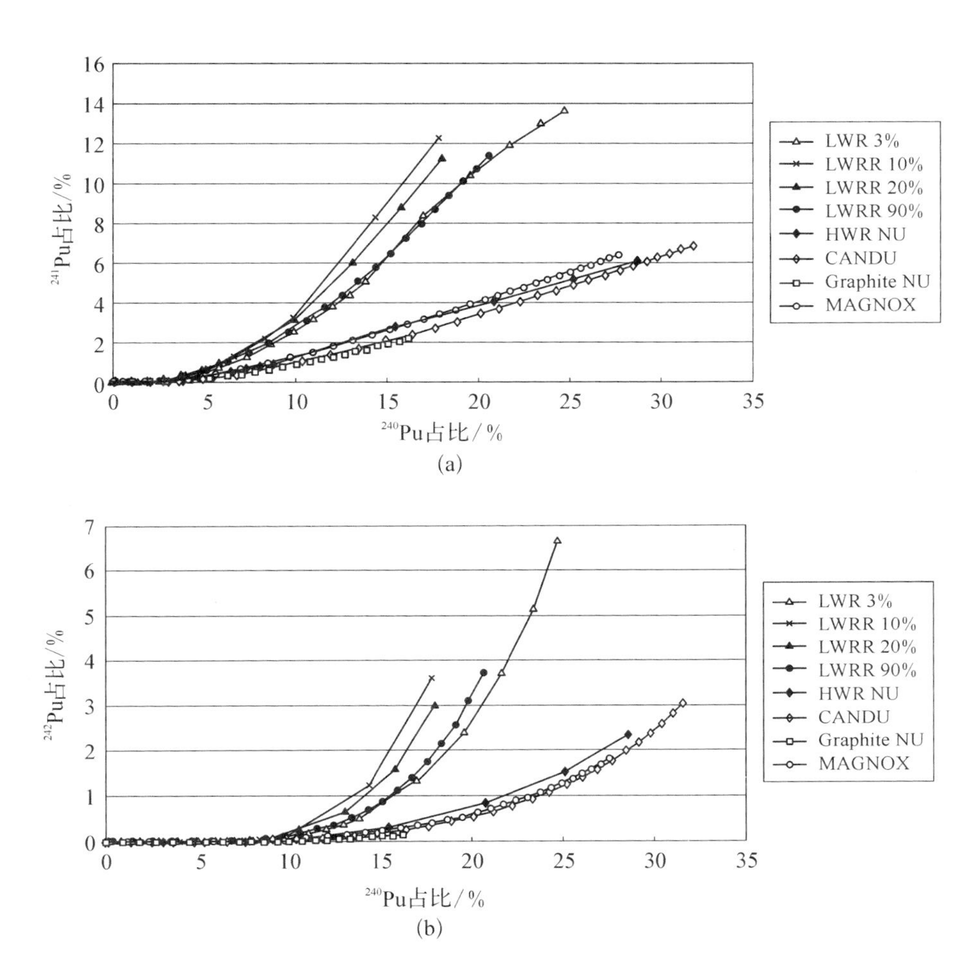

LWR—轻水堆；LWRR—轻水研究堆；HWR NU—重水天然铀堆；CANDU—加拿大重水铀堆；Graphite NU—石墨天然铀堆；MAGNOX—石墨气冷天然铀堆。

图 11-4　不同堆型所产钚的同位素成分的关系

(a) ^{241}Pu 与 ^{240}Pu 的关系；(b) ^{242}Pu 与 ^{240}Pu 的关系

11.3.2　核考古计时法

在放射性衰变过程中产生的放射性核具有彼此相关的核子数浓度。核子数为 $4n$、$4n+1$、$4n+2$、$4n+3$ 序列的原子核经 α、β、γ 衰变后，原子核仍保持为核子数为 $4n$、$4n+1$、$4n+2$、$4n+3$ 序列。即

$4n$ 系列：

^{236}Pu—^{232}U—^{228}Th—^{224}Ra；^{240}Pu—^{236}U—^{232}Th—^{228}Ra—^{228}Th—^{224}Ra

$4n+1$ 系列：

^{241}Am—^{237}Np—^{233}Pa—^{233}U—^{229}Th； ^{241}Pu—^{241}Am—^{237}Np—^{233}Pa—^{233}U—^{229}Th； ^{241}Pu—^{237}U—^{237}Np—^{233}Pa—^{233}U—^{229}Th

$4n+2$ 系列：

^{238}Pu—^{234}U—^{230}Th—^{226}Ra—…^{210}Pb； ^{242}Pu—^{238}U—^{234}Th—…^{234}U—^{230}Th—^{226}Ra—…；^{210}Pb

$4n+3$ 系列：

^{239}Pu—^{235}U—^{231}Th—^{231}Pa—^{227}Ac—…^{227}Th

将衰变产生的子核、母核用放射化学方法测定后，可以根据测定的衰变链中有关核素浓度的比值，算出核素自产出起的年龄。由衰变链中有关核素浓度的比值偏离固有衰变链同位素比值的程度，分析样品混入其他材料以及乏燃料后处理过程的某些信息等。这是核考古计时法认证的物理基础。

铅有 4 种天然同位素 ^{204}Pb、^{206}Pb、^{207}Pb、^{208}Pb，只有 ^{204}Pb 中没有其他同位素放射性衰变产生的贡献。^{206}Pb、^{207}Pb、^{208}Pb 会因有其他特殊材料同位素衰变产生的贡献而随时间变化。分析与核样品相关材料(如容器、包装)中铅的含量可获得核材料储存环境、核材料加工转运及相关材料产地的有关信息。

11.3.3 证据链的分析认证

证据链的分析认证包括无损分析和有损分析，以确认化学组成、放射性核材料属性特征，重建中子照射的历史。

(1) 分析 5～10 μm 尺度上的材料特征，获取固体外表的微观结构、微观粒子成分的信息。

(2) 核材料容器、包装材料及相关物属性的认证，自然界中的元素、同位素在地球上的分布是不均匀的，在世界不同地域的物质都含有其地域的特征。动物、植物、矿务、花粉、毛发、纤维、痕量元素等均含有其地域的特征。例如，地球上不同地区和环境 $^{18}O/^{16}O$ 相差可达 2%以上，比核定案误差的要求大 100 倍；核材料冶金、加工、金属件破损会被有机物杂质、放射性元素污染；核部件表面暴露于大气中，表面黏附物，氧化物可提供核材料及有关非核材料产地、转移途径、经历、加工和储存过程的信息。有机物杂质污染、特别是炸药，可提供炸药性能、生产工艺、来源、用处的重要信息。

(3) 人的指纹、掌纹和 DNA 鉴证。世界上没有任何两个人有完全相同的指纹、掌纹。生物体的 DNA 包含了生物的全部遗传特征，可由此获取更深层次的信息，具有非常大的识别功能。获取指纹、掌纹和 DNA 是破案取证的重要手段。

11.3.4　样品基体的收集与数据库

定案分析中样品基体的收集、处理、维护与储存对分析数据的质量、解释及定案具有重要的意义。样品基体主要有如下内容：

（1）泥土、沉积物基体（锕系元素、稀土元素、活化产物）。它蕴含了样品相当一段时间所处环境的综合性信息。

（2）生物基体。植物是产地排放物的收集器，花粉、孢子更具有典型的产地特征；很多水生、陆生生物可从所处环境中浓缩一部分特殊的化学物质，从而提供样品产地的特征，用于定案的旁证。

（3）水基体。水的温度、杂质具有地区生产活动的信息。

（4）空气基体。空气含材料生产、储存环境及经历的信息。

（5）屑粒、滑润剂、爆炸残留物、工业污水、包装物的纸张、密封材料、染料均可能提供样品来源及转运过程的信息。

（6）世界各个地区、国家所有的各种堆型，核材料生产设备，核材料属性的数据是见证走私材料来源的关键。

根据所获得的资料，建立完整的取证分析数据库是国际组织要研究的课题。对核取证分析学家来说，没有任何潜在的线索是可以忽略的。

某一个证据往往不足以为我们提供确凿无疑的判断，完整的证据综合却可以给出唯一正确答案，如图 11－5 所示。核刑侦分析的最终目的就是要通过查证被截获材料的完整的证据链以确证违法行为，制止犯罪；或消除误警，还人清白。

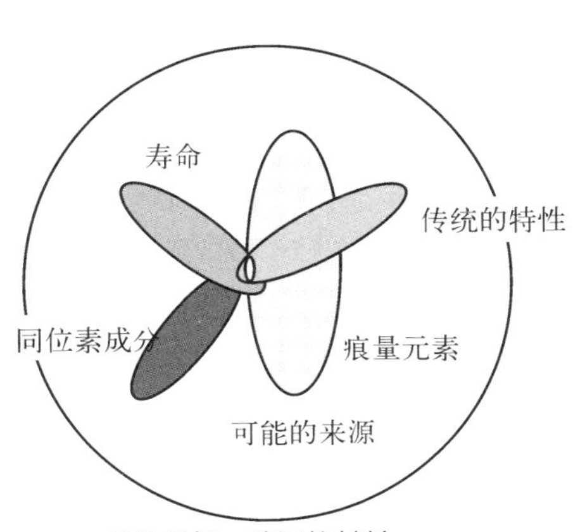

图 11－5　多种材料属性置信度

核取证分析方法是一门新兴的学术领域，它为刑事犯罪的侦察、取证，特别对核走私的侦察、取证，提供了更为精确、有效的工具，是值得开展研究的新学术领域。

样品的认证：

(1) 待查样品 q，n 个属性测量的结果为 q_i，$i=1, 2, 3, \cdots, n$。

(2) 用来比对的样品为 k，其 n 个属性表示为 k_i，$i=1, 2, 3, \cdots, n$。

(3) 两者之差为 $d_i = q_i - k_i$。

(4) 测量误差为 $\sigma_{d_i} = (\sigma_{q_i}^2 + \sigma_{k_i}^2)^{1/2}$。

$\sum\limits_{i+1}^{n} d_i$ 的平均值为 0。

定义分歧指数为 $C = \sum\limits_{i=1}^{n} f_i^2 = \sum\limits_{i=1}^{n} \left(\dfrac{d_i}{\sigma_{d_i}}\right)^2$。

分歧指数是确认样品特性置信度的依据。

参考文献

[1] 国防科学技术工业委员会科学技术部. 中国军事百科全书：核武器分册[M]. 北京：军事科学出版社，1990：7.

[2] 麦德维杰夫. 斯大林与原子弹[J]. 刘显忠，王桂香，编译. 俄罗斯中亚东欧研究，2004，5：89-91.

[3] Goldblat J. Non-proliferation：the why and the wherefore[M]. London，Philadelphia：Taylor & Francis Group，1985：58-66.

[4] 中共中央毛泽东主席著作编辑出版委员会. 毛泽东选集(第五卷)[M]. 北京：人民出版社，1977：271.

[5] 李觉，雷荣天，李毅，等. 当代中国的核工业[M]. 北京：中国社会科学出版社，1987：32-33.

[6] 中国核工业总公司. 毛泽东与中国原子能事业：纪念毛泽东诞辰100周年[M]. 北京：原子能出版社，1993：10-11.

[7] 李觉，雷荣天，李毅，等. 当代中国的核工业[M]. 北京：中国社会科学出版社，1987：36-41.

[8] 谢光. 当代中国的国防科技事业(上)[M]. 北京：当代中国出版社，1992：48.

[9] Willrich M. Non-proliferation treaty：framework for nuclear arms control[M]. Charlottesville，Va.：Michie Company，1969：19-20.

[10] 钱绍钧. 中国军事百科全书(第二版)：军用核技术[M]. 北京：中国大百科全书出版社，2007：29.

[11] Kinard W F. Review of nuclear forensic analysis [J]. Forensic Sciences，2006，51：203.

[12] Smith C. Tracing the steps in nuclear material trafficking[R]. Livermore：Lawrence Livermore National Laboratory，2005：15-22.

第 12 章　主要核国家核战略

核战略是用来指导核武器发展与使用的方略和原则。核战略大致可分为两大类型：一是最低核威慑战略（或纯威慑战略），即通过给对手不可承受之核报复打击（或二次打击）能力形成威慑；二是战争制胜型（或战争对抗型）（warwinning/warfighting）核威慑战略，即以打击军事目标为主，通过谋取战争对抗能力或者谋取赢得核战争能力以形成威慑。美国与俄罗斯（苏联）的核战略属于战争制胜型、对抗型核战略，而英国、法国和中国则基本是最低核威慑战略。尽管可以这样粗线条地划分战略类型，但实际上，各核国家的核战略内容有很大的不同，而且随着时间的推移，各自核战略也在不断地变化着。下面就五个主要核国家的核战略内容及其演变作简要介绍[1]。

12.1　美国核战略

美国执行的核战略存在一个不断演变的过程。20 世纪 50 年代美国出台"大规模报复"战略，这是以简单的大规模核报复威慑苏联侵犯的一种威慑战略。60 年代肯尼迪政府出台了"灵活反应"战略，自此之后，美国的核战略虽然历经修改，但从实质内容上看，基本上都可以统称为"灵活反应"战略：它以打击军事目标为主，追求从特种战争到常规战争、从使用战术核武器到全面核大战的全谱型灵活应对能力，而不只是依靠大规模核报复能力。很显然，这属于赢得核战争的战争制胜（战争对抗）型战略。不过其间也经历了不少摇摆和演变，具体而言，又可分为几个阶段：

1960—1962 年，时任美国国防部长的麦克纳马拉提出"避开城市"的核战略，主张以打击军事目标为主，包含"限制损害"措施，这实际是建立在有限核战争理论基础上的战略思想。但后来，他意识到了问题，特别是古巴危机证明，在危机时刻，这种战略根本无用，无节制地使用战术核武器，其后果与使用战略核武器区别不大，这使得美国无法避免全面核战争的灾难。于是，20世纪60年代中期，他提出了“确保摧毁”思想，认为美、苏维持相互确保摧毁态势有助于维持相对的战略稳定。这种战略主张基本上属于以核报复打击为主的纯威慑理论，不过事实上，打击军事目标的战略仍然保留在美国军方制订的核战争方案——统一作战计划(SIOP)中，所以说，美国政府并没有完全摒弃战争制胜型战略。

1970年，面对“相互确保摧毁”战略中互为人质的现实，尼克松总统提出了一个令战略学家十分头疼的问题：如果美国遭到核袭击，难道让总统只有一种选择，即下令大规模灭绝敌国的平民，而明明知道这将导致美国人民遭受敌人报复性的大规模屠杀？为了解决这个疑难，国防部长施莱辛格于1974年提出新的“有限核选择”的战略，世称“施莱辛格战略思想(Schlesinger doctrine)”，主张扩大核打击方案选择性，要既能小打，又能大打，重点是打击军事目标，从而尽量促使敌人不袭击自己的城市[2]。

1980年，卡特政府为了谋求更加满意的打击目标选择方案，开始考虑对苏联的政治和经济目标进行有限核打击，这就是当时的国防部长哈罗德·布朗提出的“抗衡战略(countervailing strategy)”的主要内容，其打击目标重点涵盖军事和社会财富、价值中心，强调在中央冲突范围内、在互相攻击城市的高层次中，运用相互确保摧毁能力，在互相攻击军事目标的较低层次上，运用战争对抗能力。卡特总统于1980年7月批准了第59号“总统指令”[3]，目的在于通过提高美国长期打有限核战争的能力来加强核威慑[4]。这使美国的核战略具有越来越大的灵活性，并追求进行长期核战争的能力。

1983年，里根政府发起了“战略防御倡议(SDI)”，即所谓的“星球大战”计划，目的是建立多层弹道导弹防御网，通过早期预警卫星等设施进行探测、跟踪，利用强激光、粒子束武器和导弹拦截器等手段，对可能来自苏联的大规模战略核导弹进行多层次拦截、摧毁，包括对来袭导弹飞行轨道中的助推段、后助推段、中段及末段共四个阶段的拦截过程，目的在于使来袭弹头的漏网率达到极小值，使苏联的进攻性核武器“无用和过时”。这可以说是一种逃避“相互确保摧毁”态势的企图，实质是想从“相互确保摧毁”态势变为“单方面确保摧毁”的“绝对安全”态势。SDI计划的内容明显违反《反导条约》的规定，因而遭到苏联和军控界的广泛批评。由于该计划在政治上遭到猛烈抨击，在技术上难以实现，其费用成本又是一个天文数字，因此，SDI计划渐渐萎缩最终退化了。

通过长期的理论争论和实践认识，越来越多的人意识到核武器与核战争的特殊性。美国在与苏联进行了数十年疯狂的核军备竞赛后，在拥有了数万枚各种高质量的核武器之后，却发现仍然无法拥有完全有效的第一次打击能力，无论如何无法消除苏联的核报复打击能力。到 20 世纪 80 年代中后期，以赢得核战争为特征的战争制胜型、对抗型核战略思想的影响力明显衰减。1985 年，里根总统与苏联戈尔巴乔夫总书记在联合声明中明确宣布："核战争打不赢也打不得。"1987 年，美国、苏联签署《消除中程和中短程导弹条约》(简称《中导条约》)，宣布双方彻底销毁陆基中程和中短程弹道导弹和巡航导弹。1991 年，美、苏签署《削减和限制进攻性战略武器条约》，将双方部署的战略核武器进行了较大规模的裁减，显示了冷战结束前夕美、苏核对峙水平的降低。

随着冷战的结束，国际战略格局发生深刻变化，美苏(俄)核战争危险明显下降，而全球核扩散、核恐怖主义威胁上升，在这样的背景下，美国核战略不断调整，主要表现如下：小布什政府时期，宣示核武器主要作用不再是仅仅针对俄罗斯，而是针对更广泛的对象；退出《反导条约》，大力发展全面的导弹防御计划，核战争打击方案更有灵活性和针对性；提出新"三位一体"概念，即在老的"三位一体"攻击核力量基础上增加远程常规精确打击能力，同时发展导弹防御、先进的核综合体基础建设和灵活反应能力。奥巴马政府时期，通过与俄罗斯的双边核削减条约进一步减少了过剩核武器，通过政策宣示适当收缩核武器作用，并以此增强在全球防扩散、核军控领域的领导地位。特朗普政府时期，把核威慑最优先目标确定为威慑"各种规模的核攻击"，并且把对手的有限核使用视作最现实的一种核危险，通过发展更多有限核打击手段，增强核战略灵活性；同时关注未来来自网络、外空等非核战略攻击威胁，将严重的非核战略攻击明确纳入核报复的红线内。特朗普政府时期的核政策再次凸显了美国制胜型核战略特征。

总之，后冷战时期，美国一方面裁减过剩核武库；另一方面保持核力量结构及打击原则基本不变，保留主要核运载能力，储备一定非部署核弹头，大力发展导弹防御体系，发展非核远程常规战略力量，大力投资核综合体技术能力建设，保障设计技术传承和人才队伍建设，确保在没有核试验前提下能长期维护核武库安全、可靠性，并在必要时能迅速扩大核武库。目前，虽然美国核武库规模较冷战时期大大收缩，但核力量基本结构、核武器主要作用范围、打击目标原则、戒备模式基本仍保持战争制胜型(战争对抗型)的核战略特征。

12.2 苏联/俄罗斯核战略

冷战时期苏联的核战略思想经历了一个演变过程。冷战初期,苏联领导人斯大林尽管十分重视核武器研制计划,但他只是将原子弹视为攻击后方目标的重要武器,并不认为原子武器在战争中具有决定性意义,在他看来,发展原子武器主要是打破美国核垄断,抵消来自美国的政治军事压力[5]。然而,在赫鲁晓夫执政时期,苏联对核武器在国家安全和国防中的作用与地位的看法发生了很大转变,斯大林时期的传统军事战略逐渐被建立在核武器和新式运载工具基础之上的现代军事战略观取代。战略火箭部队于1959年成立并成为国防力量中举足轻重的主体,战略核武器被视为战争的决定因素,与此相对,其他方面的军事力量则变得不那么重要了。应该说,威力无比的氢弹出现以及洲际运载能力的具备促使了这种转变。从20世纪50年代中期开始,军方开始研究如何将核武器用于战争,并制定了志在赢得战争主动权的先发制人核打击计划。

赫鲁晓夫下台以后,保守主义回归苏联军事思想中,核武器被夸大的作用有所收敛,被忽视的常规力量得到了重视和发展。随着美国升级控制、有限战争、灵活反应战略等理论和政策出台,苏联的核战略理论与规划也随之演变。一开始,苏联官方拒绝美国的任何有限核战争概念,声称针对任何袭击,苏联的反应都将是全面的核攻击,甚至是单次的大规模核打击[6]。尽管美方判断,苏联声称的一旦使用核武器就是核大战的说法只是为了恐吓西方,增强核威慑态势,但从俄罗斯官方的一些分析和言论看,苏联内部确实有一种理念认为:有限使用核武器或进行有限核战争是不现实的。按照俄罗斯军事战略学家的分析,俄罗斯在20世纪60年代形成的战略思想是一种"无限制火箭核战争战略",即认为如果发生世界大战,可能自始至终都是无限制的导弹核战争[7]。

1970年以后,苏联战略核力量和海基二次打击能力得到提升,从1975年到冷战结束前夕这一时期,苏联与美国在核武库的数量和质量上都形成战略均势。其间,苏联核武库规模及核武器技术的提高非常迅速,20世纪80年代初,苏联还具有了某种程度上的优势。随着核实力的提升,苏联军方开始考虑进行"可控制的核战争"的必要性,不再认为先发制人核打击是唯一的选择,而是增加了各种打击方式选项,苏联军方的核计划中有了分场景的打击方案和多次核打击选项。在军方制订的针对北约的战争计划中,常规武器和核武器被结合应用到纵深的作战过程中，战争进程被划分为非核阶段、有限核打击阶段、全面核较量和结束行动四个阶段[8]。据俄罗斯军事战略专家后来的分析，直到 70 年代中期，苏联官方仍然公开拒绝美国的有限战争概念，国家领导人一致宣称，对任何有限使用核武器的回应将是全面的密集核突击，但到了 70 年代末期则认为，对敌方行动的最好回应是，对等使用核武器并造成相应损失。俄罗斯军事战略专家将苏联在 70 年代逐步形成的这种新思想称为“阶段性核战争理论”[9]。

在这个时期，尽管苏联军方呈送给决策层的文件和军事计划中已包括了有限使用核武器的多种选项，但对核升级控制的可行性始终抱有怀疑，认为即使可以打有限核战争，也不会按照美国精心策划的升级阶梯走。苏联军方认为，有限核战争不会持续太长，顶多也就是数天。

20 世纪 80 年代中后期，苏联的核战略态势再次发生了变化。戈尔巴乔夫执政后，对外政策领域推行“新思维”。在这一时期，苏联与美国得出了共同结论：无限制使用核力量是不可能的，从而确立了苏联既准备实施核战争，也准备实施新型常规战争，并准备以回击性的、对应性的行动抗击侵略的战略。核战争与常规战争并存的理论取代了阶段性核战争的理论[10]。

苏联解体后，俄罗斯继承了苏联的核地位，核战略也因国际格局、与美国和北约的关系以及自身政治、军事、经济状况的变化而不断演变。随着 20 世纪 90 年代中期北约东扩形势的发展，俄罗斯逐渐感受到来自北约的威胁，核武器的作用开始提升。这主要体现在 2000 年版的《俄联邦国家安全构想》和《俄联邦军事学说》等文件中。俄罗斯相对于冷战时期的苏联，其核战略在威慑重点和威慑规模上有明显的变化。在冷战的大部分时期里，出于政治意识形态以及军事战略的考虑，苏联与美国进行了数十年的核军备竞赛，其核战争规划以大规模核交战为重心。相对于北约，苏联享有明显的常规优势，在这种情况下，其核力量主要服务于战略威慑，用于威慑美国的核攻击，并威慑北约将常规冲突升级为核冲突。进入 21 世纪后，俄罗斯核战略态势则强调核力量在威慑地区战争方面的作用，这反映了俄罗斯在常规军事力量方面相对于北约处于劣势情况下对核武器的依赖。

整体上，冷战时期的苏联在核战略规划方面并没有像美国那样精心设计出各式各样的核战争计划，似乎也从未真正接受过有限核战争的概念，其核战略中有明显的纯威慑思想倾向，但不可否认的是，苏联确实发展了不亚于美国的进行核战争的能力，从核武库的规模、结构、部署态势看，苏联核战略也属于战争制胜型(战争对抗型)战略。冷战后的俄罗斯不再追求全面核优势以及规模竞争,希望进行一定的核削减以减轻经济负担,不过仍希望在核力量的数量上与美国大致均衡,这也是一种尽量保持与美国平等地位的政治需要。

12.3 英国核战略

英国政府长期宣称执行"最低核威慑"政策,依靠核报复打击能力形成威慑,不过其核力量的独立性和政策的纯粹性经常遭到质疑。冷战时期以来,英国参加了北约集团的安全防务体系,其核力量虽有一定的独立性,但也是北约整体核力量的一部分。在核力量组成和决策方面,英国与美国以及欧洲盟军最高司令部有着复杂的关系。既然英国参加了美国领导的北约防务体系,实际上它是认同北约的灵活反应战略的,即属于战争制胜型(战争对抗型)核战略。不过,关于英国的核武器、特别是其战术核武器在北约防务中的作用问题,美英两国有不同的解释。美国认为它属于有限打击武器,是北约灵活反应战略的有机组成;而英国则认为它只是起到警告性作用的"次战略"(sub-strategic)核武器,只是加强战略核力量的战略威慑效果,并不是用于进行战场作战的战术武器。英国宣布的政策显示,在因自身安全问题而需要使用核武器问题上,英国拥有独立决定权。如果抛开英国与北约复杂的防务关系成分,分析英国自称的独立核力量的主要战略方针,可以认为,英国的核武器政策基本属于最低核威慑类型。

2010年10月19日,英国政府发布了《战略防务和安全审议》报告,报告强调:英国需要维持可靠的最低核威慑,作为应对极端威胁的最后手段;英国的核威慑是北约集体安全体系的重要组成部分;英国历来的政策是仅在自卫的极端情况下考虑使用核武器,其中包括保护北约盟友,但是,英国对在何时、以何种方式以及在多大程度上使用核武器保持刻意的模糊;将把部署的核弹头从少于160个减到不超过120个,将核武库中核弹头总数从不超过225个削减到不超过180个[11]。2021年3月,英国发布新的白皮书,宣布将核武库规模上限提升到260枚,显示了在大国竞争环境下对核武器作用的提升。

12.4 法国核战略

法国长期以来批评美苏战争制胜型核战略,宣称法国执行的是非进攻型核战略，是纯粹威慑态势，它反对发展第一次打击能力，坚持“非用”原则[12]，即反对谋求战场使用型核武器，拒绝接受战争对抗（warfighting）概念，认为法国的核武器是用于防止战争而不是赢得战争，其核力量用于威慑对法国根本利益的任何形式的侵略。

法国核武库曾拥有数种战术核武器，其作用与角色也像英国的战术核武器一样引发了不少争议。在戴高乐政府之后，法国核战略有几年处于摇摆不定状态。有人强调战术核武器的战争对抗能力，有人强调其作用仅是政治性的。经过一段争论，主流的法国战略学家认为：因为法国国土狭小，也因为法国核武库相对核大国太弱，如果执行类似北约的以有限打击为特点的战争对抗型核战略反而会削弱法国的核威慑，因此，法国应该坚持以战略核武器为主的威慑型核战略；但为了避免在敌国侵犯面前面临“要么大规模报复，要么什么都不做”的两难困境，使用一定的战术核武器显示核报复决心还是有必要的，这有助于加强战略核武器的威慑作用。为了将这种承担特殊作用的战术核武器与战争对抗型战略中的战场使用型战术核武器区别开来，法国开始使用“最后警告”的概念来描述这种战术核武器；1984 年法国又使用“预战略”（pre-strategic）核武器一词代替其战术核武器称呼[13]。尽管这种武器针对军事目标，但是，官方明确宣称不追求打有限核战争等战争制胜（战争对抗）能力。20 世纪 90 年代后，法国官方基本不使用“预战略”或“最后警告性”核武器的概念了，不过仍宣称保留释放信号的选择打击。1991 年，法国将空基战术（预战略）核武器划归战略空军部队，1996 年后也声称其核武器都是战略性的，任何核武器的使用都意味着战争性质的巨变，核武器不适合有限冲突。

法国长期坚持首先使用核武器的政策。1990 年 7 月，在北约峰会上，法国总统密特朗明确反对北约提出的核武器仅作为“最后手段”的意见。在法国人看来，宣布在最后关头才使用核武器削弱了核威慑作用，意味着法国将不得不承受巨大的常规损失以后才诉诸核武器，这是法国不能接受的；而以较早地首先使用核武器相威胁，才有可能防止战争的发生。

2008 年 3 月，法国总统萨科齐宣布：随着核力量的现代化更新，法国将裁减三分之一的空基核弹头，使法国核武库总的核弹头数低于 300 枚[14]。2008 年 6 月，法国国防部发布了新的白皮书，称核威慑仍然是国家安全战略中的一个实质性基础，“是法国安全与独立的最后保障”；核威慑的唯一目的是防止任何国家发起的针对法国核心利益的侵略；法国将仍保持“严格足够”的政策，将核威慑的有效性建立在能为总统提供独立的、足够广泛的、灵活反应的能力基础之上;核力量将继续进行现代化更新[15]。

12.5 中国核战略

20世纪50年代中期,在面临多次核威胁的情况下,中国政府作出了发展核武器的决定。尽管领导人毛泽东将核武器比作是纸老虎,对来自敌国的核大棒表现出高度蔑视的骨气,但是,他在具体应对这种威胁时却明确采取了现实主义态度,他将核武器的作用定位为具有战略意义的防御性国防措施。在毛泽东、周恩来等领导人看来,核武器不是用于战争的工具,而是对付核威胁最有效的防御性武器;在核武器与霸权主义相结合的时代里,只有通过拥有自己的核力量,才能消除核讹诈、核威胁。当时的中央政府就是在这样的统一认识下,开始了核武器研制事业的组织领导工作。

中国核战略指导思想是以毛泽东、周恩来为首的顶层决策体确立的。在核力量发展的初、中期,以毛泽东和周恩来为核心、以中央专委为主体的决策体,主导了核武器项目的整个进程。中央专委成立于1962年12月,是在政府和军委的直接领导下负责核武器计划总体领导工作的专门机构,由周恩来任主任,7位副总理、7位部长级干部组成。周恩来在核武器项目的具体发展和运用战略决策中起到了核心作用。他领导中央专委确立了核武器发展的主要原则,涉及核力量发展方向、规模、构成、技术指标等重大问题;他还领导军委及相关部门对核武器的运用战略进行研究与部署,对导弹阵地建设做了具体安排,确立了涉及核武器储存、部署等方面的一整套方针和原则[16-19]。

中国核战略的基本思想和原则是很清晰的。第一次核试验后的政府声明,以及主要领导人在多种场合都宣示过这些基本原则。2006年的中国国防白皮书曾对中国核战略思想有一段简洁的描述,其中以“自卫防御的核战略”称谓其核战略,并清楚地阐明核武器在国家安全中的作用和地位是承担“战略威慑”任务,其发展目标原则是“精干有效”[20]。通过考察决策层在这方面的一系列指示、方针,以及各种核政策宣示性文件,可以将中国核战略的基本框架概括如下:

(1) 发展核力量的主要目的是反对核威胁、核讹诈,核武器仅用于威慑来自他国的核攻击。

(2) 核武器研制项目的总目标是建设独立的核力量,拥有核报复打击能力,形成有效的核威慑。

（3）不进行军备竞赛，核力量的发展不盲目追求数量，不发展核战争制胜能力，仅保持确保有效核报复打击能力的有限规模。

（4）高度重视核力量的生存力、安全、安保及可靠性，确保严密的指挥、控制系统。

（5）执行不首先使用核武器政策，确保在遭受核攻击情况下，能进行有效的核报复打击（核反击）。

（6）支持全面禁止和彻底销毁核武器的目标，支持国际上为此所作的核军备控制努力。

尽管中国核战略思想的基本原则框架早在核力量发展早期就已确定，但其主要特点和性质历经半个多世纪没有实质性改变，核战略思想长期的稳定性和持续性不是偶然的，而是源于该思想的决策依据。中国的核战略思想深深扎根于中国决策者对核武器特殊性质和作用的清醒认识，扎根于中国长期以来坚持的防御性国防政策。毛泽东、周恩来等领导人从一开始就清醒地意识到核武器在政治上的局限性，也意识到核武器在军事上不可替代的威慑作用，与此同时，对核威慑效应不与数量和战场作战能力直接相关的运作机制也十分清楚。他们相信，只要拥有基本的核报复打击能力，就能威慑敌国的核讹诈和核威胁，根本不需要在数量、规模和战场上的对抗能力方面与其他核国家进行竞赛。在他们眼里，核武器更多的是一种战略性的、政治性的武器，而非战术型的、战场对抗型的武器[21-24]。正是基于这种认识，当他们决定为了国家的安全不得不发展核武器以后，对核武器的使用范围进行了必要的限制，明确了“不首先使用核武器”的政策，从而将拥有核武器的根本目的仅限于威慑核攻击，并形成了以有限核力量规模实现战略威慑的方针。可以说，毛泽东、周恩来等领导人对核武器特殊性质与作用的基本判断和认识，构成了中国特有的核战略的思想基础。

中国在核力量发展方面，由于指导战略思路清晰，领导机制高度集中，相关研制部门大力协同，核力量建设呈现高效、有序的特点。从 1964 年 10 月原子核武器试验成功，到 1966 年 10 月中近程导弹搭载核弹头发射成功，从 1966 年 12 月氢弹原理试验成功，到 1967 年 5 月中程导弹发射试验成功，中国核武器项目的发展速度令人瞩目。不过，从 20 世纪 60 年代后期开始，迅速蔓延的全国性政治运动——“文革”给核武器项目带来严重干扰，核武器项目发展变得迟缓。直到 1976 年“文革”结束，国内形势才开始好转。从 1977 年开始，中央整顿调整国防科技工作，大力恢复科研秩序，核武器项目得以重获生机。

1977年9月18日,中央专委决定:集中力量,突出重点,大力抓好洲际导弹、潜地导弹和通信卫星的研制和试验工作。1980年,洲际地地导弹全程飞行试验成功;1985年,固体机动地地战略导弹发射试验成功;1988年,核潜艇水下发射潜地战略导弹飞行试验成功[25]。可以说,因“文革”影响而耽搁了十余年以后,中国战略核力量的建设重新焕发了生机,并逐步走向成熟。

在核军备控制领域,中国的政策与行动也具有特色。在冷战时期的最初30年里,鉴于当时国际战略格局下政治等方面的原因,中国政府没有参加美、苏主导的核裁军、核军控机制,但以独立自主的外交政策支持、参与国际核裁军。毛泽东在1959年时曾说:“我们赞成用极大的努力来禁止原子战争,并且争取两个阵营签订互不侵犯协定。”[26]1964年10月16日,中国在第一次核试验后发表的政府声明向世界各国政府郑重建议:召开世界各国首脑会议,讨论全面禁止和彻底销毁核武器问题;作为第一步,各国首脑会议应当达成协议,即拥有核武器的国家和很快可能拥有核武器的国家承担义务,保证不使用核武器,不对无核武器国家使用核武器,不对无核武器区使用核武器,彼此也不使用核武器。可以说,中国最初三十年的核军备控制政策以反对核垄断、反对核战争及美、苏核军备竞赛为重点,以支持全球核军控、核裁军目标为基本立场,在自身核武力发展和运用方面采取单边自我克制政策。自20世纪80年代以来,随着全球核态势和战略格局演变,随着东西方政治关系缓和,中国逐渐加入越来越多的国际多边军控与裁军合作框架。1980年,中国首次派出代表团参加了日内瓦裁军谈判会议的工作;1984年,中国加入国际原子能机构,同年提出“不主张核扩散,不搞核扩散,不帮助别的国家发展核武器”的“三不”政策[27];1992年3月,中国加入《不扩散核武器条约》。1996年9月,中国签署了《全面禁止核试验条约》。近十余年来,在坚持一贯的支持彻底核裁军立场基础上,面对新的国际安全环境和形势,中国在全球核裁军、核军控方面提出了一些新措施、新建议,如美、俄应该率先大幅度裁军,反对进行军备竞赛,反对发展部署破坏战略稳定性的导弹防御体系,坚决维护全球战略稳定性;解决核扩散问题必须标本兼治,一方面需要加强国际原子能机构的保障监督措施;另一方面需要设法消除发展核武器的动机,结合地区安全机制建设,平衡处理所有国家防扩散义务与和平利用核能的权利;核裁军、核军控政策应该与核不扩散政策协调发展等。

与其他核国家相比,中国的核战略独具特色,同时也具有优势:首先,不与他国进行核军备竞赛,既节约了经费,又有利于维持核国家间的战略稳定性；其次，精干有效的核武库易于管控、维护和更新；另外，不首先使用核武器的承诺及对无核武器国家的安全保证与防扩散精神相符。总之，中国在核力量的作用定位、规模发展、部署方面都体现出一种自我克制，这些政策和做法与全球核裁军、核军控进程完全相符，有利于全球战略稳定性的维持。中国的核战略指导方针既显示了克制，也体现了自信和洒脱，这是一种高度智慧的战略选择。

目前，尽管国际格局发生重大变化，中国面临的安全威胁形势与发展核武器之初有所不同，但并没有出现动摇其核战略原则之依据的根本性变化。从中国核战略的决策依据看，核战略的主要原则是扎根于对核武器特殊性质的认知以及一贯的防御性军事战略上。当前，尽管军事技术获得了前所未有的突破和发展，但是，核武器在军事上的巨大威慑作用和政治上的局限性没有实质改变，政府与战略学界对此的认知没有实质性改变。既然对核武器的特殊性认知没有改变，国家一再坚持防御性军事战略，而且精干有效的核发展之路又具有优势，因此可以预见，在今后相当长一段时期，核武器在国家安全中承担防御性战略威慑作用的定位将会持续，在核力量发展与运用方面采取克制的政策也会延续，中国的核战略将仍然具有相当强的稳固性。

核战略思想的持续稳定，意味着核战略主要指导原则和政策不会有根本性变化。不过，这并不等于说核力量的规模和具体运用态势一成不变。当前，其他国家在战略导弹防御、外空监视、反潜、精确跟踪和打击等方面的能力发展迅速，这不可避免地影响到中国核力量的生存能力，中国的核威慑有效性面临挑战。因此，为确保核威慑继续有效，中国核力量各方面指标需要完善，特别是在生存力、突防力、安全可靠性、指挥与控制系统等方面需要提高和改善。从中国核力量发展历程可以看出，决定中国核力量规模和能力的指导标准如下：在遭受敌人的核攻击后，确保足够的核武器生存下来，并能给予对手不可承受的报复打击。可以预见，在这个战略方针指导下，中国核力量规模及态势将会根据外部威胁环境变化有所改变，但不会大规模扩充核武库[28]。中国在近几年的国防白皮书等官方文件中屡屡重申“不与任何国家进行核军备竞赛”，其含义就是指不与他国进行规模竞赛，不谋求战争对抗能力，不追求核大国间的那种核力量均势，这是由中国特有的防御性核战略决定的。

总之，中国是在一个特定的历史时期做出了发展核武器的决定。中国的核力量建设是在以毛泽东、周恩来为核心的顶层决策体的统一严密的决策与领导机制下进行的。该决策体制定的自卫防御性核战略的内容是相当明确的,其基本原则也是长期稳定的,其核心内容概括地讲就是:通过发展有限规模的核力量,具备基本的核报复打击(核反击)能力,以此实现威慑。“不首先使用核武器的承诺”“精干有效”和“克制”是这个战略最鲜明的特点。中国核战略最实质性的内涵特质如下:这是一个主要用于威慑核攻击的战略,一个后发制人的战略,一个防止核战争而不是进行核战争的战略。

参考文献

[1] 孙向丽. 核时代的战略选择:中国核战略问题研究[R]. 北京:中国工程物理研究院战略研究中心,2013,99 - 132.

[2] 劳伦斯·弗里德曼. 核战略的演变[M]. 黄钟青,译. 北京:中国社科出版社,1990:266 - 300,442 - 445.

[3] 姚云竹. 战后美国威慑理论与政策[M]. 北京:国防大学出版社,1998:103 - 105.

[4] 劳伦斯·弗里德曼. 核战略的演变[M]. 黄钟青,译. 北京:中国社科出版社,1990:465 - 566.

[5] David H, Stalin and the bomb[M]. New Haven: Yale University Press, 1994: 250 - 252, 364 - 365.

[6] Hines J, Mishulovich E, Shull J. Soviet intentions 1965 - 1985: Volume I. an analytical comparison of U. S.-Soviet assessments during the cold war[R]. McLean: BDM Federal Inc., 1995: 37, 74.

[7] 佐洛塔廖夫 B A. 俄罗斯军事战略史[M]. 李效东,等,译. 北京:军事科学出版社,2009:380,445.

[8] Hines J, Mishulovich E, Shull J. Soviet intentions 1965 - 1985: Volume I. an analytical comparison of U. S.-Soviet assessments during the cold war[R]. McLean: BDM Federal Inc., 1995: 37 - 38; 73 - 75.

[9] 佐洛塔廖夫 B A. 俄罗斯军事战略史[M]. 李效东,等,译. 军事科学出版社,2009:447 - 448.

[10] 佐洛塔廖夫 B A. 俄罗斯军事战略史[M]. 李效东,等,译. 军事科学出版社,2009:381,449.

[11] UK Cabinet Office, Securing Britain in an age of uncertainty: the strategic defense and security review[R]. Norwich: The Stationery Office, 2010.

[12] Sokolski H D. Getting MAD: nuclear mutual assured destruction, its origins and practice[R]. Strategic Studies Institute, US Army War College, 2004: 223.

[13] Sokolski H D. Getting MAD: nuclear mutual assured destruction, its origins and practice[R]. Strategic Studies Institute, US Army War College, 2004: 205 - 206.

[14] Boese W. France upgrades, trims nuclear arsenal[J]. Arms Control Today, No. 38(3),2008: 35 - 36.

[15] French Ministry of Defence. The french white paper on defence and national security[R]. New York: Odile Jacob Publishing Corp., 2008.

[16] 谢光. 当代中国的国防科技事业(上)[M]. 北京:当代中国出版社,1992:43 - 76,82 - 110.

[17] 张爱萍. 中国人民解放军[M]. 北京:当代中国出版社,1994:114.

[18] 李琦. 在周恩来身边的日子. 北京:中央文献出版社,1998.

[19] 孙向丽. 核时代的战略选择:中国核战略问题研究[M]. 北京:中国工程物理研究院战略研究中心,2013:12 - 32,182.

[20] 中华人民共和国国务院新闻办公室. 2006 年中国的国防[M]. 2006:13.

[21] 中共中央文献研究室. 毛泽东年谱(1949—1976)(第五卷)[M]. 北京:中央文献出版社,

2013：27.
[22] 中共中央文献研究室.周恩来文化文选[M].北京：中央文献出版社，1998：534，661.
[23] 金冲及.周恩来传(下)[M].北京：中央文献出版社，1998：1740.
[24] 杜祥琬，郭桂蓉.朱光亚院士八十华诞文集[M].北京：原子能出版社，2004：236，300.
[25] 谢光.当代中国的国防科技事业(上)[M].北京：当代中国出版社，1992：340，384.
[26] 中共中央文献研究室，中国人民解放军军事科学院.建国以来毛泽东军事文稿(下)[M].北京：军事科学出版社，中央文献出版社，2010：70.
[27] 赵紫阳.1984 年政府工作报告(在第六届全国人民代表大会第二次会议上的讲话)[R].1984 - 5 - 15.
[28] 外交部：中国没大规模扩核计划，但会更新核武库并根据安全环境评估核力量[EB/OL].环球时报-环球网，2022 - 1 - 4. https://world.huanqiu.com/article/46GbGiwFZKU.

附录　核武器系统(术语)及分类

(引自参考文献[1]与[2])

A　核武器系统

核武器系统是构成核武器作战能力诸系统的总称，其中包括核战斗部(核弹头)、投掷发射系统和相应的指挥、控制、通信系统和作战支持系统等。

1. 核弹头

核弹头是装有核战斗部的导弹弹头，又称导弹有效载荷。战略核导弹在发射起飞后，到达主动飞行段终点时，核弹头与导弹弹体分离，沿着惯性弹道在外大气层飞行，最后重返大气层，飞向预定目标，其内所装的核战斗部适时产生核爆炸，对目标实施杀伤和破坏。

核弹头主要由弹头壳体、核装药和弹头引爆控制系统组成，有时还装有慢旋定向系统、姿态控制系统、突防诱饵系统、末端制导系统，以提高再入飞行段的飞行稳定性、突防能力和命中精度。弹头壳体主要由防热层和承载结构构成，要有合适的气动外形，以适应核弹头再入大气层所遇到的恶劣力学和高温环境。

携带多弹头的核导弹上，其前端部是一个母舱，舱内装多个弹头，外加一个释放机构。多弹头可以同时攻击多个目标，以提高毁伤效果，增强突防能力。

1) 核战斗部

核战斗部由核爆装置、引爆控制系统、功能部件和相应的结构部件组成，是核武器中起毁伤作用的部分。在不同类型的核武器中，战斗部的组装形式有所不同。核弹道导弹的战斗部与弹头再入姿态控制系统及突防诱饵系统一并装在弹头壳体内，构成核弹头，位于导弹的前端部。按作战要求设定的爆高，核战斗部的引爆控制系统使核装置点火起爆，产生核爆炸。核炸弹、核巡航导弹、核鱼雷等的核战斗部舱一般位于弹体的中部，通常与制导系统舱分隔,形成一个独立的舱段。

2）核爆炸装置

核爆炸装置是核武器中具有引发裂变反应放能(原子弹)或裂变-聚变反应放能(氢弹),产生爆炸功能的装置,它是核武器的核心组成部分。

核装置用于各种目的的核试验时,可以只是一种物理装置,而不是武器,其结构不必要求适应武器使用中可能遇到的特殊环境条件。

3）核武器的引爆控制系统

核武器的引爆控制系统是能保障核武器在操作、运载、投放过程中安全地进行控制,并使核战斗部能按预定的程序在预定的条件下准确、可靠地引爆。根据作战的使用场合和运载工具的不同,引爆控制系统的组成也有所不同,通常由电源、保险装置、引信、程序控制装置、同步引爆装置等组成。发射前根据部队作战任务规定的打击目标,对引控系统装订对应参数,并解除勤务保险。导弹发射后,电源部件为引控系统提供能源;保险装置感知导弹环境信息及飞行状态,按照预定条件逐级解除各级保险,到达目标区上空后各级保险完全解除;引信根据装订的参数对目标区进行探测,探测的信息输进程控装置;程控装置对信息进行综合分析与处理后,按照预定作战目标触发同步装置;同步装置引爆多路雷管,起爆爆炸系列,产生核爆炸。核武器的引爆控制系统示意如图 A-1 所示。

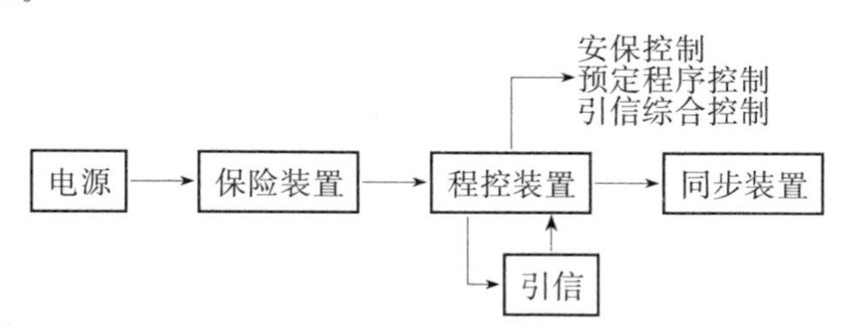

图 A-1　核武器引爆控制系统

图 A-1 中各装置说明如下。

电源：是提供给引控系统的能源部件。通常采用比能高、性能稳定可靠的电化学能源(电池)。电池平时不荷电,接到使用核武器的命令后,由特定的激活机构将电池激活,从而提高引控系统的安全性。激活指令可由地面、飞机或舰艇的控制台在投射核武器前发出,也可在飞行过程中发出。激活方式应简单可靠、安全稳定。

保险装置：由三级以上不同原理的保险机构组成,常用的保险装置包含保险开关、保险栓、气压保险器、水压保险器、线加速度保险器、延时保险器、密码保险器等，目的是保证武器在运输、储存、勤务和飞行过程中出现异常时，隔断同步装置的能量通道，杜绝输出引爆信号，确保在发生意外事故中引控系统的高度安全。

程控装置：是引控系统的控制枢纽，主要包括爆高或爆时远调和程序综合控制两部分，一般由执行控制单元、延时单元、通信单元、逻辑单元或微型处理器等组成。根据目标特性、爆炸装置的威力、运载工具的飞行轨迹，确定解除保险的允许时段、最佳引爆高度或引爆时刻等数据，由控制台通过远调机构，将有关数据装定在程控装置中。

引信：是能使引控系统确定自身空间飞行或打击位置并适时向引爆装置输出触发信号的功能部件。根据核战斗部不同的作战特点，引信通常由惯性、雷达、卫星、大气压力、时间等多种不同机制的装置组合而成。它们各自测量的信息经过融合处理后，即可确定飞行过程中的核弹头的位置、打击目标时的位置和爆炸时刻。

引信有触发引信和非触发引信两类。触发引信有压电引信和惯性碰撞引信等，主要用于攻击导弹发射井或其他地下军事设施。非触发引信是根据选定的最佳爆炸高度和爆炸时刻，适时输出引爆信号，触发同步装置。非触发引信有雷达引信、惯性弹道引信、路程长度引信、气压引信、水压引信等。雷达引信测量精度高，不受气象条件影响，但易受敌方的电磁干扰；惯性弹道引信和路程长度引信工作可靠，但受弹道影响大，精度较差。一般可根据引信的特点、核弹的种类和目标的性质，选用一种或几种引信，综合使用，以确保触发的可靠性和精度。

同步装置：是将低压电流转换为高压引爆脉冲的装置，在接到引信发来的引爆信号后，能立即发出足够功率的引爆脉冲以引爆装置上的雷管。对装有多个雷管的内爆型核装置，引爆装置输出的多路脉冲须具有好的同步性。对具有外中子源的核武器，同步装置要为外中子源系统输出时间同步信号。

2. 投掷发射系统

核武器的投掷发射系统是指将核弹头、核炸弹等投射到预定目标所需的设备和设施，由运载工具、投射装置及有关的辅助设备组成。不同的核武器，投射系统的组成和结构也不相同。

核炸弹由飞机运载，其投掷系统包括瞄准装置、挂弹投掷机构、投掷操纵和监控系统等。核炸弹可装在飞机弹仓内的挂弹架上或机身、机翼下的外挂弹架上，驾驶舱内设置释放开关和密码锁。监控系统用来监视和控制核炸弹解除保险和引信的动作，以确保武器系统的安全。

核深水炸弹可由陆基或舰载飞机、反潜直升机携带和投放，也可由水面舰艇和潜艇上的火箭式或气动式发射器发射。

核炮弹则用各种后坐力小，射速快，能自动装弹、定位和修正性能的大口径火炮发射。

核弹道导弹和核巡航导弹的核弹头靠导弹的推进系统携带和投掷。现代的战略核弹道导弹，弹头母舱装有制导系统、动力装置和姿态控制系统，可以携带和投掷多个核弹头。核导弹的发射需有专门的发射系统和控制系统。发射系统由发射装置、测试设备、瞄准设备、起竖设备等组成。导弹发射有多种不同发射装置，如发射台、发射架、发射井和发射筒等。按发射时导弹所处的状态可分为垂直发射装置和倾斜发射装置，按其机动性可分为固定式、半固定式和机动式发射装置。机动式发射装置又可分为机载、舰艇载、地面车载三种。机载发射装置有导轨式和导管式两种。地面机动发射系统又分为公路机动、越野机动和铁路机动等。公路机动发射系统可采用履带式车辆、轮式车辆和牵引拖车，上面装有起竖装置和发射装置。

导弹发射分冷发射和热发射两种，热发射是利用导弹火箭发动机点火时产生的推力来实现，须有导流装置；冷发射是利用压缩空气、燃气或燃气-蒸汽混合物等辅助动力源，将核导弹从发射筒或发射井内弹射出去，当核导弹达到一定高度时，再点燃火箭发动机。

3. 指挥控制与通信系统

指挥控制与通信系统是保障国家元首及相关职能部门行使职权，对核作战实施指挥和控制的综合系统，由指挥系统、控制系统与通信系统构成。

1）战略核武器指挥系统

战略核武器指挥系统是制订核作战计划，确定核打击方案，实施核武器使用的指挥系统。这是一套严密、可靠的指挥体系，体系的顶层是国家级指挥中心，底层是核部队的指挥所。美国的战略核武器指挥程序大致分三个步骤：作出使用核武器的决定后，由总统通过“黑匣子”向国防部长下达使用核武器的命令，包括发射命令和发射核武器所必需的开启密码的行动电报。而后国防部长将命令传给参谋长联席会议，由参谋长联席会议加密为“核控制命令”，并通过国家军事指挥中心或国家预备军事指挥中心发送给各联合司令部和特种司令部。“核控制命令”用于授权或指挥核武器移交、使用、终止使用、销毁或使之失效。它具有特别的加密格式，规定了核部队必须遵循的行动方案。参谋长联席会议还规定，“核控制命令”下传时，每一级必须用“密封核实程序”进行核实，才能往下转发，如果发现“核控制命令”不符合加密要求和格式要求，即认为该电文无效并终止行动。收到符合要求的“核控制命令”后，陆基发射控制中心按“双人制”、导弹核潜艇按“四人制”实施其后的发射程序。

苏联战略核导弹的指挥过程实行“双重核按钮制度”，即发射命令通过军事渠道传递，开启密码通过政治渠道传递。

2）战略核武器控制系统

战略核武器控制系统包括“正控制”与“负控制”两方面。“正控制”要求在核战争条件下通过授权可靠地使用核武器。“负控制”要求在各种可能的情况下防止对核武器的非授权使用，其措施有 3 种：① 使用“核黑匣子”等特殊的安全控制措施；② 采取特殊的安全控制制度；③ 确保执行命令的人员可靠。

核武器的安全控制装置有密码锁、密码开关系统、弹头自毁装置、增强核爆安全系统等。美国已发展了 12 位数字的多道电子编码锁。打开密码锁必须有两人在场，输入正确的密码。如果反复输入了错误密码，密码锁和核弹头的某些关键部件会自动锁死或失灵，核弹头须送回装配厂修理。弹头的自毁装置，有定时自毁、环境识别自毁、指令自毁等不同的类型。它可在导弹发射后仍能对核弹头实施安全控制。该安全系统的应用既是一种安全措施，又是一种安保措施。

3）战略核武器通信系统

战略核武器有专用的通信网络，以在核战争的条件下保持国家最高指挥当局与核部队之间顺畅的通信联络，迅速准确地传递使用核武器的命令、上报部队情况，为核部队和指挥系统调动提供保障。为此，专用通信网络往往采取特殊的技术措施提高网络的灵活性、保密性和生存能力。例如采取超低频地波通信技术，以降低核爆环境下核电磁脉冲对远距离通信的影响。

1970 年，美国用陆基、机载和卫星通信构成了“最低限度基本应急通信网”，预期能在核袭击下生存，继续指挥战略核部队作战。俄罗斯用各种固定和移动的通信系统、通信卫星和中继飞机构成战略通信网，为提高通信的可靠性还在全国范围内建立了高频发射接收中心网络，在指挥中心和各舰队装配了移动通信系统。

B 核武器系统的分类

经过半个多世纪的研究与发展,核武器系统已经形成了品种繁多的大家族,从不同的角度冠于众多不同的名称。

1. 按设计原理与性能分类

核武器按核装置设计原理与性能,一般可分为原子弹、氢弹、特殊性能核武器等。

2. 按核装置发展顺序和威力大小分类

核武器按核装置发展顺序划分,将原子弹与早期的氢弹称为第一代核武器;将小型化的氢弹与特殊性能核武器,如中子弹、冲击波弹等,称为第二代核武器;将核爆驱动定向能武器,如核爆激励 X 射线激光武器、核爆激励 γ 射线激光武器、核爆激励激光高功率微波武器等,称为第三代核武器。

按威力的大小,也可划分为百万吨 TNT 当量以上的高威力核武器、10 万吨 TNT 当量到百万吨 TNT 当量之间的中等威力核武器和 10 万吨 TNT 当量以下的低威力核武器,但其界限不是很严格。

3. 按作战使用方法分类

核武器按作战使用方法可分为战略核武器与战术核武器。

1) 战略核武器

战略核武器是用于执行战略任务,打击敌方战略目标或保卫己方战略要地的核武器。战略核武器一般由威力较高的弹头和射程较远的投掷发射系统以及相应的指挥控制通信系统组成,是核武器国家安全战略的重要支柱。战略核武器又可分为战略进攻性核武器和战略防御性核武器两类。

(1) 战略进攻性核武器。通常作战距离可远至上万公里,爆炸威力可达数十万吨、数百万吨至千万吨级 TNT 当量。目前,战略核武器威力一般为数十万吨 TNT 当量。被称为“三位一体”的战略进攻性核力量由陆基洲际核弹道导弹、潜射核弹道导弹和携带核弹的战略轰炸机等系统构成。

(2) 战略防御性核武器。主要指“以核反核”(即利用核爆拦截)的反弹道核导弹系统。美苏于 20 世纪 60 年代开始研发、部署此类武器。1972 年为限制战略防御性核武器的继续发展,推动战略进攻性核武器的限制和裁减,美苏曾签订《美苏关于限制反弹道导弹系统条约》(ABM 条约)。1983 年美国提出“战略防御倡议”(SDI)计划,发展以定向能武器为主的多层拦截防御系统。该计划执行了 10 年,因技术过于复杂而终止。2002 年美国退出 ABM 条约,开始发展以动能和激光为主要杀伤手段的多层导弹防御系统。

2）战术核武器

战术核武器是用于打击对敌方军事行动有直接影响的战役、战术纵深重要目标的核武器，一般由威力较低和射(航)程较短的投掷发射系统以及相应的指挥控制通信系统组成。与战略核武器相比，战术核武器机动性能好；作战距离较短，一般为数十至数百公里；威力较低，多数为数千至数万吨 TNT 当量，也有高达数十万吨 TNT 当量的核炸弹和低至 10 吨 TNT 当量的核地雷和核炮弹；类型繁多，如近程地地核导弹、核巡航导弹、舰舰和舰空核导弹、核反潜导弹、核鱼雷、核地雷等。美国从 1952 年至 21 世纪初，先后部署过原子炮弹、地地核导弹、反潜核导弹、威力可调的通用核弹、特殊性能的核武器、高精度低威力的核钻地弹等多种类型的战术核武器。苏联的战术核武器发展与美国类似。英、法在冷战时期也部署过战术核武器。20 世纪 90 年代初，美、苏/俄曾各自宣布单方面大量裁减各类战术核武器，但至今核武库中仍然保留着相当数量的战术核武器。

有时战术核武器与战略核武器的界限并不十分明确。虽然在概念上可以划分“战略”与“战术”核武器，但在真实战争环境下，核门槛一旦跨过，实际上是很难区分战术与战略核武器的。中国核专家和领导人朱光亚在 1991 年的一次中美军控学术交流会上指出：“当以打击效果标准看时，战略核武器与战术核武器之间的差别或多或少是任意的，无论是洲际还是短程核武器在使用后其效果是没有多大差别的。”核武器的军事作用虽然可以随不同国家、不同战略和使用政策而有所不同，但战略上的威慑作用是由核武器固有特性决定的。

4. 按投掷发射方式分类

核武器按投掷发射方式可分为核弹道导弹、核炸弹、核深水炸弹、核钻地弹、核鱼雷、核炮弹、核地雷、核巡航导弹。

1）核弹道导弹

核弹道导弹为装有核战斗部的弹道导弹，在火箭发动机的驱动下按预定的程序飞行，关机后按自由抛物体轨迹飞行。

核弹道导弹的弹道可分为主动段和被动段两个阶段。主动段是导弹在火箭发动机的推力和制导系统作用下，从发射点起飞到发动机关机时的飞行路径；被动段是导弹从火箭发动机关机到弹头起爆，按照在主动段终点获得的给定速度和弹道倾角做惯性飞行的路径。核弹道导弹能按预定轨道飞行，准确攻击地面固定的目标,主要是由制导系统实现的。

核弹道导弹按作战使用的性质,可分为战略核弹道导弹和战术核弹道导弹;按发射点和目标位置,可分为地地核弹道导弹和潜地核弹道导弹;按射程可分为洲际、远程、中程和近程核弹道导弹;按推进剂可分为液体推进剂和固体推进剂核弹道导弹;按结构可分为单级核弹道导弹和多级核弹道导弹。

2）核炸弹

核炸弹是装有核战斗部的炸弹,主要由核爆炸装置、引爆控制系统及带有稳定尾翼的弹体组成。核炸弹头部装有解保和引信系统、相关电子设备,以及碰撞减震机构等;中体为核爆炸装置;后体装有电源、点火装置、备用引信、起爆机构等;尾段是后体的延伸部分,外面装有形状各异的稳定尾翼,内部装有各种类型的减速机构或应急释放的降落伞等。

核炸弹用途广泛,可以根据不同的摧毁目标,选择不同的投放和爆炸方式,使其在空中、地面或地表下爆炸。

3）核深水炸弹

核深水炸弹主要利用水下核爆炸产生的强冲击波摧毁敌方潜艇和其他水中目标,可由飞机、反潜直升机携带投放,也可由舰载反潜火箭投射,威力一般为千吨乃至万吨 TNT 当量,水下爆炸深度为几十至几百米。一枚万吨 TNT 级的核深水炸弹在水下爆炸,可击沉或严重毁坏 1 千米内的潜艇。

4）核钻地弹

核钻地弹是能钻入地下一定深度爆炸的核弹头,主要利用地下核爆炸产生的地震波和成坑作用破坏敌方的导弹发射井、地下指挥所等地下深埋和加固的军事目标。核钻地弹有坚固而细长的外壳,以保证其达到地下一定的深度,同时保护核战斗部在高速触地及钻地过程中不被损坏。其摧毁效果取决于核爆装置的威力、钻地深度、目标周围的地质条件等。核钻地弹的钻地深度又与重量、头部形状、撞击目标的角度、速度等因素相关。据《美国核武器揭秘》一书的估算,一枚钻地深度 20 米、威力 50 万吨 TNT 当量的核钻地弹在地下爆炸时,对深埋目标的破坏效果相当于 1 000 万～2 500 万吨 TNT 当量的地面核爆炸,而在空气中形成的放射性沾染则少得多。

5）核鱼雷

核鱼雷是装有核战斗部的鱼雷。一般由雷头、雷身和雷尾组成。雷头装有炸药,多数自导鱼雷的雷头顶端装有声自导头;雷身装有动力装置、制导系统和控制系统;雷尾装有发动机、推进器和操纵舵。一般采用火箭推进,由携载平台发射入水,能自航、自控。用对噪声不敏感的主动声呐系统进行目标测距和定位。一般爆炸威力在千吨 TNT 当量左右,主要的攻击目标是航空母舰和潜艇。

6) 核炮弹

核炮弹是装有核战斗部的炮弹,由火炮发射,射程一般为十几公里到几十公里。装有裂变型核战斗部的核炮弹,威力在数百至数千吨 TNT 当量,主要用于摧毁敌方的机场、桥梁、部队集结地等目标;装有增强中子辐射型核战斗部的中子炮弹,威力约 1 千吨 TNT 当量,用于杀伤集结的部队、集群坦克中的人员。

20 世纪 90 年代初,美、苏/俄曾各自宣布退役和销毁所有核炮弹。

7) 核地雷

核地雷为装有核战斗部的地雷,主要用于实施直接杀伤、形成地形障碍和放射性污染,以阻滞敌方的行动;也可埋在敌后方军事设施区,利用定时器或遥控指令引爆,摧毁敌方目标。为防止意外,核地雷一般要装上安全密码装置。

美国于 20 世纪 50 年代、苏联于 70 年代都先后研制和部署过核地雷。20 世纪 90 年代初,美、苏/俄曾各自宣布退役和销毁所有核地雷。

8) 核巡航导弹

核巡航导弹是装有核战斗部的巡航导弹,主要由弹体、推进系统、制导系统和核战斗部组成。弹体外形与飞机相似,包括壳体、主翼、尾翼和操纵面等,推进系统包括助推器和主发动机。战略核巡航导弹采用推重比和比冲高的小型涡轮风扇发动机,战术核巡航导弹多采用涡轮喷气发动机和冲压喷气发动机。制导系统采用全球定位系统、惯性、星光、遥控、寻的、图像匹配等制导方式的一种或多种复合制导。核战斗部通常安装在导弹的中段或前段。

巡航导弹依靠喷气发动机的推力和弹翼的气动升力,以巡航状态在稠密的大气层内飞行。其飞行弹道由起飞爬升段、巡航(水平飞行)段和俯冲段组成。巡航状态是指导弹在火箭助推器加速后,主发动机的推力与阻力平衡,弹翼的升力与重力平衡,以近于恒速、等高度状态飞行。按载体和发射方式的不同,核巡航导弹可分为车载陆地发射、机载空中发射和舰(潜艇)载海上发射三类。按作战使用可分为战略核巡航导弹和战术核巡航导弹。

核巡航导弹具有雷达难以探测的贴近地面与海面飞行的能力和远程精确打击的能力,受到核武器国家的重视。20 世纪 50 年代末,美国首次部署“大猎犬”机载核巡航导弹,苏联开始部署AS-2机载核巡航导弹和SS-N-3舰载核巡航导弹。此后两国相继发展多种型号的陆射、空射和海射核巡航导弹。到21世纪初,美国和俄罗斯备战核力量中仍保留空射核巡航导弹。

参考文献

[1] 钱绍钧.军用核技术[M].北京:中国大百科全书出版社,2007:67-87.
[2] 《国防科技名词大典》编委会.国防科技名词大典·核能[M].北京:航空工业出版社,兵器工业出版社,原子能出版社,2002.